Astha Gupta
Sachin Majithia

VISUALIZAÇÃO DE GRANDES VOLUMES DE DADOS UTILIZANDO NANOCUBOS

Astha Gupta
Sachin Majithia

VISUALIZAÇÃO DE GRANDES VOLUMES DE DADOS UTILIZANDO NANOCUBOS

ScienciaScripts

Imprint

Cover image: www.ingimage.com

This book is a translation from the original published under ISBN 978-620-7-65094-1.

Publisher:
Sciencia Scripts
is a trademark of
Dodo Books Indian Ocean Ltd. and OmniScriptum S.R.L publishing group

120 High Road, East Finchley, London, N2 9ED, United Kingdom
Str. Armeneasca 28/1, office 1, Chisinau MD-2012, Republic of Moldova, Europe
Printed at: see last page
ISBN: 978-620-8-05393-2

ÍNDICE

CAPÍTULO 1
INTRODUÇÃO

O capítulo inclui uma breve introdução à Evolução do Big data, Big data e suas caraterísticas, Visualização de dados, Visualização como ferramenta de descoberta, Métodos para a visualização de dados, Classificação e agrupamento de dados e Nanocubos.

1.1 Grandes volumes de dados

O Big Data pode ser definido como a enorme quantidade de dados que podem ser estruturados ou não estruturados. Os dados são recolhidos de várias fontes, tais como dados tradicionais de empresas, dados sociais ou dados gerados por máquinas, que são basicamente muito grandes e difíceis de processar. O big data é o tipo de dados que tem diversidade, complexidade e necessita de novas técnicas e algoritmos para os controlar e extrair deles conhecimento latente e valor. Há vários tipos de dados que um grande volume de dados contém, ou seja, os dados podem ser relacionais, textuais, estruturados, não estruturados, dados pictóricos, dados de fluxo contínuo, etc. Estes dados podem ser utilizados para modelação estatística e agregação. Necessitam de métodos avançados para o seu processamento[1].

Os conjuntos de dados estão a ficar maiores e a sua visualização está a tornar-se difícil. Imagine um conjunto de dados com milhares de milhões de entradas. Podemos resumir em pequenos módulos e depois visualizá-los, mas essa é uma tarefa difícil e a solução para a visualização de grandes quantidades de dados não pode ser resolvida. Para resolver este problema, criámos nanocubos ou cubos de dados, que têm o mesmo significado. São estruturas que efectuam várias agregações a todos os módulos possíveis na base de dados e depois representam-nos. Os cubos de dados são suficientemente pequenos para caberem na memória principal e são designados por nanocubos[2].

1.2 Evolução do Big Data

Todos nós vivemos atualmente na era dos grandes volumes de dados. O termo foi cunhado e utilizado pela primeira vez no final da década de 1990. Francis X. Diebolt apresentou o primeiro artigo académico em 2000 e publicou-o em 2003, intitulado "Big Data Dynamic Fator Models for Macroeconomic Measurement and Forecasting" (Modelos de factores dinâmicos de grandes volumes de dados para medição e previsão macroeconómica), mas o mérito foi atribuído a John Mashey, o cientista-chefe da SGI, que foi a primeira pessoa a utilizar o termo "Big Data". Mashey, no final da década de 1990, afirma que estão a chegar grandes ondas de maré e descreveu a era dos grandes dados como um aumento rápido dos volumes de dados para além da imaginação das pessoas[3]. O enorme volume de dados, por si só, não descreve a era dos grandes dados, porque existem dados que funcionam de forma mais eficiente do que os volumes de dados.

Figura 1.1: Os grandes dados

Atualmente, as empresas, as agências governamentais e as organizações sem fins lucrativos fazem parte da era do big data. Nela, são utilizados todos os dados que lhes é possível recolher, para fins desconhecidos do futuro e do presente, bem como para melhorar o seu negócio. Acredita-se também que as organizações que utilizam dados para tomar decisões tomam melhores decisões ao longo do tempo, o que conduz a uma atividade mais viável e mais forte. Os dados são criados a um ritmo acelerado ou à velocidade a que são criados, o que faz com que as empresas tenham de estar atentas a cada um dos dados criados e utilizem o seu elevado potencial para os utilizar no futuro, mais do que no passado[4]. Em 1995, a União Europeia, no âmbito da legislação em matéria de privacidade, definiu "Big data" como o conjunto de informações capaz de identificar uma pessoa, direta ou indiretamente. Em 2012, a International Data Corporation (IDC) estimou que a quantidade de dados criados é de 2,8 zettabytes, ou seja, 1 bilião de terabytes, e que esta quantidade de dados gerados duplicará até 2015. Tendo em conta um número tão elevado, parece impossível saber quantos são os dados reais sobre si[5]. Um funcionário americano calculou que são criados, em média, 5 gigabytes de dados por dia. Os dados podem consistir em folhas de cálculo do Excel, áudio/áudio em fluxo contínuo, vídeos/filmes descarregados, mensagens de correio eletrónico, etc. Podem também consistir em dados gerados na Internet. Há dados que não são vistos por uma pessoa mas que são armazenados. Exemplos de dados não diretos são coisas como coordenadas GPS, imagens de câmaras de trânsito, etc.

Antes do início da era dos grandes volumes de dados, a recolha de dados era considerada de baixo valor para as empresas, mas quando esta era surgiu, as empresas investiram o montante necessário para recolher os dados e armazená-los para o potencial futuro. As organizações esforçam-se por gerir e armazenar os dados. Esta tremenda mudança de comportamento cria um círculo moralista em que os dados eram reservados e, em seguida, diferentes pessoas são designadas para encontrar valor para a organização[6,7].

No início da era dos grandes volumes de dados, a principal mudança foi a rápida formulação, desenvolvimento e capacidade das tecnologias para manipular, tratar e processar estes dados de forma mais eficiente. Atualmente, o maior desafio na era dos grandes volumes de dados não é obter os dados, mas sim obter os dados certos. Algumas tecnologias levaram-nos a um ponto em que a enorme quantidade de dados é recolhida, preservada e manipulada a um ritmo crescente[8,9]. Isto deve-se à melhoria do equipamento de telecomunicações, dos sensores e à redução do custo dos produtos electrónicos fabricados, da Internet e das redes sociais[10].

1.3 Caraterísticas dos grandes dados

Os três V's definem basicamente o Big Data. São também conhecidos como as caraterísticas do Big Data. Os três V's são: Volume, Velocidade e Variedade. Embora o significado de cada palavra possa ser facilmente compreendido através de uma simples leitura, a explicação resumida pode ser dada da seguinte forma[11]:

1.3.1 Volume

O termo pode ser definido como a enorme quantidade de dados gerados a cada segundo. Os dados podem ser gerados por máquinas ou pelo homem. O principal aspeto a ter em conta é o facto de os dados estarem em estado de repouso. Quando falamos de volume, referimo-nos às quantidades de dados, que podem ser textuais, ou aos dados recolhidos nas redes sociais, como vídeos, imagens de grandes dimensões, música, etc. O volume refere-se simplesmente a colecções de dados cada vez maiores. Para as empresas, é muito comum ter um sistema de armazenamento de terabytes e petabytes. Por exemplo, no Facebook e no Twitter, há milhares de milhões de pessoas que têm uma conta e guardam as suas fotografias, etc.[12,13]. Tendo isto em mente, pode estimar-se que existem 250 mil milhões de fotografias só no Facebook, pelo que podemos imaginar a enorme quantidade de dados que aí pode existir. Se nos deslocarmos para qualquer sector, empresa ou empreendimento, podemos pensar nos dados gerados todos os dias. Este é o vetor de volume dos grandes dados.

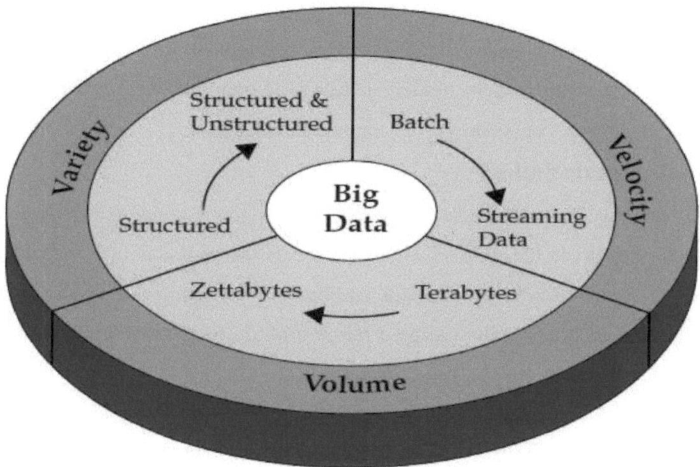

Figura 1.2: Os três V's dos grandes dados

1.3.2 Velocidade

O termo pode ser definido como a velocidade a que a enorme quantidade de dados é gerada. A velocidade refere-se simplesmente ao ritmo a que os dados crescem. Também diz que os dados têm uma velocidade elevada. O melhor exemplo deste vetor pode ser entendido como a rapidez com que reconhecemos qualquer acontecimento. No início, considerava-se que as notícias de ontem eram as últimas que eram apresentadas sob a forma de jornal, mas hoje as coisas mudaram. Atualmente, existem canais de notícias e outros serviços Web em linha que informam ou transmitem imediatamente qualquer acontecimento, evento ou função[14]. No entanto, hoje em dia, pode dizer-se que as pessoas confiam mais nas redes sociais. Numa fração de segundo, as actualizações mudam. O movimento de dados é possivelmente em tempo real. Por conseguinte, este é o vetor de velocidade dos grandes volumes de dados[15].

1.3.3 Variedade

O termo pode ser definido como as várias formas de dados. É uma caraterística importante dos grandes volumes de dados e também pode ser definida como os diferentes formatos, tipos, estruturas de dados, etc. Os dados são armazenados em vários formatos. Os diferentes formatos podem ser áudio, vídeo, textual, numérico, imagens, dados multidimensionais, dados estáticos ou de fluxo contínuo, etc. Qualquer aplicação que tenha sido criada pode ou não ter estes diferentes formatos. A combinação destes tipos é geralmente utilizada para extrair informações[16]. Este tem sido o maior desafio a ultrapassar pelos grandes volumes de dados. Por exemplo, quando a base de dados dos estudantes é armazenada, os dados contêm dados textuais, de imagem, numéricos e de séries cronológicas. Os dados precisam de ser geridos e organizados de modo a terem algum sentido[17].

1.4 Visualização de dados

O conceito de visualização de dados não é novo; tem sido a comunicação visual dos dados sob várias formas desde há milhares de anos. Alguns dos métodos mais populares são os gráficos especiais construídos apenas para este fim, como o gráfico de barras, o gráfico de pizza e o gráfico de linhas, entre outros. Estas formas de representação de dados têm sido utilizadas desde o século XVIII[18]. Podem ter certas limitações de apresentação, mas há novas tecnologias poderosas que foram introduzidas para representar uma enorme quantidade de dados. De facto, este domínio tem registado um rápido crescimento. Hoje em dia, o mundo está muito ativo, informado e inovador e descobriu várias outras formas de representar a enorme quantidade de dados (Big Data)[19,20].

Ao longo dos últimos anos, a visualização de dados é considerada por muitas pessoas como algo de talento múltiplo e com limites. Para ajudar neste enquadramento, vamos tirar alguns minutos para imaginar a pessoa que esteve envolvida em vários trabalhos nas últimas 24 horas, ou seja, todas as suas actividades, acções que realizou e criar um conjunto de dados[21]. Pode haver dados raros sobre coisas como a manutenção do veículo, as compras, a aquisição de artigos domésticos e a lista continua. Hoje em dia, tudo o que fazemos inclui consequências digitais, o que pode parecer um pouco assustador, mas provavelmente estamos dependentes dele.

No entanto, a quantidade de dados registados ajuda a criar novas oportunidades para fazer e partilhar invenções ou descobertas sobre o mundo em que vivemos. Os avanços e a gradação das novas tecnologias são apreciados porque, com isso, a enorme quantidade de dados é registada, criada e processada a um ritmo inacreditável. De facto, nos últimos dois anos, registou-se um crescimento tão grande da informação digital.

Os dados podem ser utilizados como um ativo que pode ajudar a mudar o mundo para melhor. Para citar apenas alguns exemplos, os organismos governamentais e os sectores empresariais estão a aperceber-se de que os dados se tornaram mais difíceis e, com isso, as várias oportunidades que os dados oferecem para a sua utilização[22,23]. Consideram os "dados" como "petróleo". O volume extraordinário, a grande velocidade e as grandes variedades regidas pelos dados. No entanto, a utilização destes dados potenciais exige a aplicação de várias técnicas para os utilizar. Vendo por outro lado, verificamos também que somos os maiores consumidores dos próprios dados. Como esperamos que os dados capturados nunca se tornem história e sejam processados através de várias coisas como jornais, revistas, mensagens de texto, redes sociais, correio eletrónico, twitter, etc., o nosso cérebro e os nossos olhos não conseguem armazenar esses dados como um todo. Foi dito que, num dia típico, podemos consumir cerca de 100.000 palavras, o que é definitivamente um número elevado. Lembrarmo-nos disto é uma tarefa questionável e tem de ser retratada de forma a que as coisas sejam mais informativas, ou seja, as mensagens sejam facilmente compreensíveis. Se os dados forem considerados como petróleo, então o conceito de visualização de dados é o seu motor, o que dá a oportunidade de explorar e representar os dados de uma forma mais informativa e cativante neste mundo digital[24].

1.4.1 A visualização como ferramenta de descoberta

Uma das célebres citações de John W Tukey (Análise Exploratória de Dados) diz que "O maior valor de uma imagem é quando ela nos obriga a reparar naquilo que nunca esperámos ver".

Assim, a visualização é considerada como um retratador de dados que nos permite visualizar coisas através de padrões, gráficos e assim por diante e, em quarto lugar, ou seja, a nova luz que possivelmente indica as histórias por trás do estado bruto. Trata-se de considerar a visualização como uma ferramenta de descoberta. A visualização de dados não é uma tarefa fácil; pode ser vista como uma arte ou um ofício[25]. A visualização de dados exige muitos tipos diferentes de competências e uma combinação de prática e experiência que, de facto, requerem tempo e paciência. Além disso, exige também um conhecimento profundo e alargado de várias disciplinas distintas, como o design gráfico, a informática, a cartografia, etc.

Se entrarmos num nível mais resumido, a visualização de dados pode ser considerada como a combinação de arte e ciência. Trata-se de uma intersecção que representa uma mistura delicada de perspectivas criativas e científicas. A obtenção de um equilíbrio mínimo entre ambas determina o sucesso e o fracasso do trabalho efectuado pelo designer[26].

O domínio da arte neste domínio refere-se ao âmbito do design de alta qualidade e do incentivo à inovação, em que a pessoa tenta conceber um design que desempenha um papel vital na comunicação a nível estético e, em seguida, deixa uma marca na mente a nível emocional. Alguns dos resultados são suficientemente criativos para serem implementados neste domínio extraordinário[27,28].

O domínio da ciência surge devido a muitas formas e feitios. Várias formas são mais eficazes para o olho e o cérebro processarem o conjunto de informações. A perceção visual ou os sinais visuais envolvem a ciência e tornam as coisas mais fáceis de compreender[29].

Por exemplo, podemos pegar em dois exemplos visuais das Leis da Gestalt.

Figura 1.3: Leis da Gestalt

No lado direito, é apresentada uma demonstração da "Lei da Semelhança", com círculos sombreados de forma diferente numa série de filas. Ao ver isto, uma pessoa pode tirar imediatamente a conclusão de que os círculos sombreados pertencem a um grupo e estão relacionados, enquanto os não sombreados estão relacionados com outro grupo. Trata-se de uma reação de pré-atenuação em que a pessoa não pensa muito para tirar conclusões. Por outro lado, o lado esquerdo é a demonstração da "Lei da Proximidade". Ao vermos isto, compreendemos que os círculos que estão muito próximos uns dos outros são uma coluna sábia, estão relacionados uns com os outros e são diferentes dos outros pares[30].

1.4.2 Métodos de visualização de dados

A visualização de dados consiste em escolher o método correto para representar o conjunto de dados e a questão que se coloca é: como é que as coisas devem ser mostradas? E que conclusões podem ser retiradas dessa imagem visualizada[31]?

Os dados são primeiro classificados e depois, de acordo com essa classificação, é utilizado o método de visualização para apresentar o conjunto de dados. Basicamente, é a comunicação entre o observador e a forma como os dados são representados.

Segue-se um esboço do objetivo principal de cada método de classificação:

Quadro 1.1: Classificação dos métodos e seu objetivo

Classificação dos métodos	**Objetivo**
Comparação de categorias	Mostra a comparação entre os tamanhos relativos e absolutos dos valores categóricos. Por exemplo, gráfico de barras.
Avaliação das hierarquias e das relações parte-todo	Fornece a discriminação de valores categóricos na sua relação com estruturas hierárquicas como elementos constituintes ou uma população de valores. Por exemplo, gráfico de pizza.
Mostrar alterações ao longo do tempo	Requer um período de tempo contínuo para a exploração de dados temporais e apresenta os padrões de mudança dos valores. Por exemplo, gráfico de linhas.
Traçar ligações e relações	Funciona com conjuntos de dados multivariados em que estão presentes padrões, distribuições e associações. Reflecte geralmente um resultado visual complexo e concentra-se normalmente na simplificação da análise exploratória. Por exemplo, gráfico de dispersão.
Cartografia de dados geo-espaciais	Representa e traça os conjuntos de dados que possuem propriedades geo-espaciais através de diferentes tipos de estruturas de mapeamento. Por exemplo, uma abordagem popular, ou seja, o mapa coroplético.

Uma vez selecionado o método adequado, verificamos então através de que método de representação de dados os dados podem ser representados de forma mais eficaz[32,33].

De seguida, apresentam-se alguns dos esquemas de representação através dos quais os dados podem ser representados,

2.1.1 Traçado de pontos:

Variáveis visuais - Símbolo, Posição, Cor-tonalidade

Descrição - Compara geralmente variáveis categóricas através da representação de valores quantitativos com uma única marca, como um símbolo ou um ponto. O conjunto de dados representado é ordenado, pois ajuda a ver claramente a distribuição de valores e o intervalo[34]. Também podemos colaborar com vários valores categóricos no mesmo gráfico utilizando cores, mas mais de duas séries são algo difíceis de ler e complexas.

Diagrama -

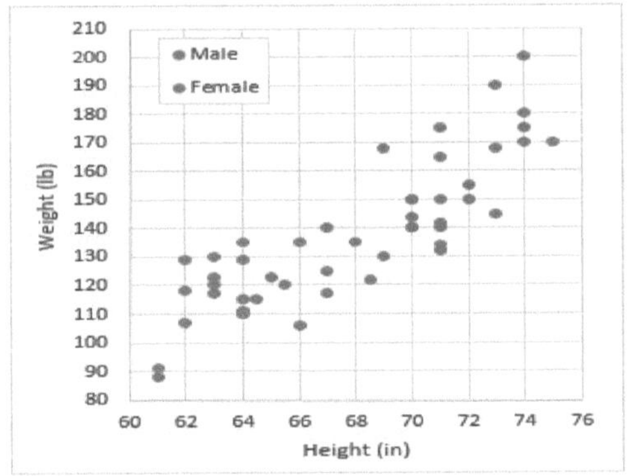

Figura 1.4: Representação Dot Plot

2.1.2 Gráfico de barras:

Variáveis visuais - Comprimento/Altura, cor-tonalidade

Descrição - Representa geralmente os dados através do comprimento ou da altura da barra e estabelece comparações exactas entre as duas categorias, ou seja, relativa e absoluta. As barras são feitas a partir do ponto zero no eixo[35]. As cores diferentes são utilizadas para desenhar os gráficos de barras.

Diagrama -

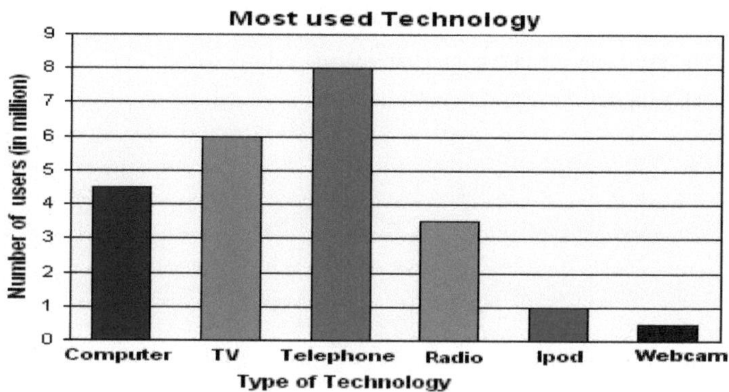

Figura 1.5: Representação de um gráfico de barras

2.1.3 Gráfico de pizza:

Variável visual - ângulo, área, tonalidade da cor

Descrição - São considerados como o tipo de gráfico controverso. Em comparação com outras variáveis visuais, é bastante difícil interpretar os ângulos e analisar as áreas dos segmentos. São frequentemente acusados de má disposição para a execução e decoração 3D[36]. Um gráfico de pizza começa sempre com uma fatia vertical que funciona como linha de base. São visualizados eficazmente no máximo três segmentos.

Diagrama -

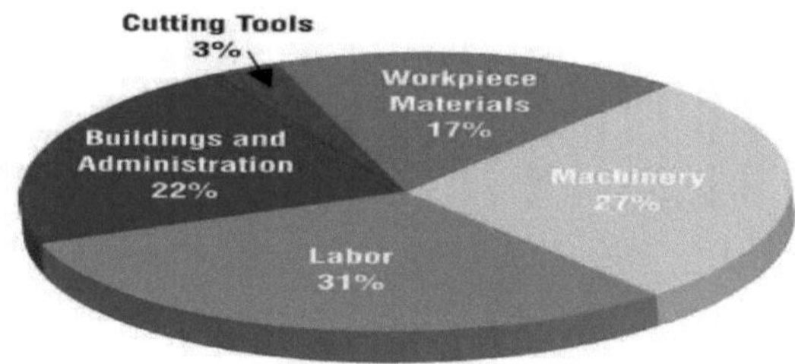

Figura 1.6: Representação do gráfico de pizza

2.1.4 Gráfico de linhas:

Variável visual - Posição, inclinação, cor-tonalidade

Descrição - O gráfico de linhas compara a dimensão do valor no eixo y e a variável quantitativa no eixo x, que são de natureza contínua. Neste caso, o eixo não começa com zero. Os declives são formados pela união dos pontos verticais[37]. Podem ou não estar relacionados com a transição de valores categóricos.

Diagrama -

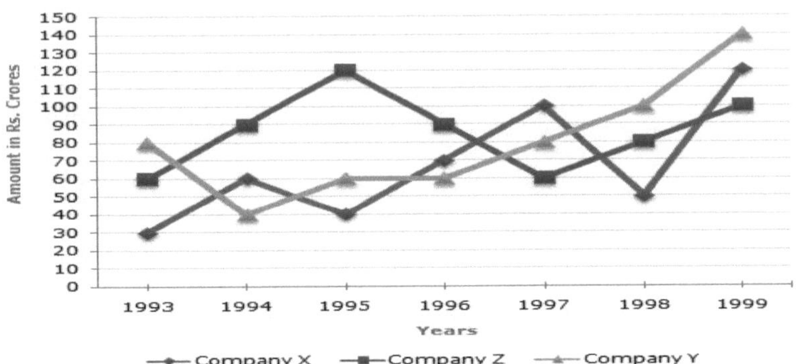

Figura 1.7: Representação de um gráfico de linhas

2.1.5 Código de barras:

Variável visual - Posição, símbolo, cor-tonalidade

Descrição - Utilizam a combinação de símbolos e cores para representar a sequência de acontecimentos ou marcos num determinado período de tempo. Trata-se de uma representação ótica e legível por máquina dos dados[38]. Existem leitores ópticos especiais que são conhecidos como leitores de códigos de barras.

Diagrama -

Figura 1.8: Representação do código de barras

2.1.6 Mapa corpóreo:

Variável visual - Posição, saturação de cor/luminosidade

Descrição - Trata-se de uma técnica popular que ajuda a representar as unidades geográficas que se baseiam em alguns valores quantitativos. Tem a desvantagem de não representar eficazmente uma grande população de dados[39]. Para a tornar mais eficaz, temos de escolher mais criteriosamente a cor para a representação.

Diagrama -

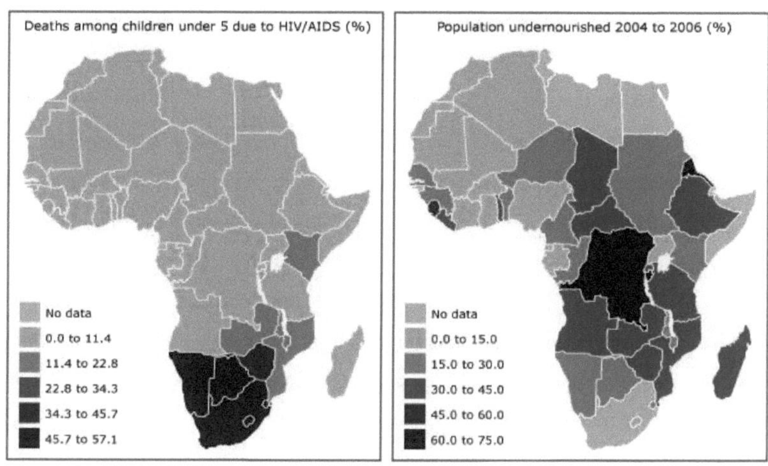

Figura 1.9: Vista do mapa corpóreo

1.5 Nanocubos

Os nanocubos são estruturas de dados inventadas para maximizar a velocidade do processamento de dados e foram desenvolvidas pelo departamento IV (visualização de informação) dos laboratórios de investigação da AT&T dos Estados Unidos[40]. A principal razão subjacente à extração de dados no caso dos nanocubos é a facilidade de visualização dos dados. A visualização do nanocubo no modelo proposto baseia-se na metodologia de visualização distribuída, que permite aos computadores processar milhares de milhões de registos e visualizá-los passo a passo à medida que o processamento é concluído. Explora os padrões dos dados de entrada e os resultados da visualização são apresentados no navegador Web utilizando o processamento de nível moderno baseado em pouca memória[41,42].

1.6 Agrupamento de grandes volumes de dados

A agregação de dados desempenha um papel vital na segmentação de dados, que é conseguida através da hierarquia de camadas. A agregação de grandes volumes de dados exige uma análise em várias camadas devido à densidade dos dados e à variação das entradas de dados obtidas. A análise de clusters é um método para detetar o número de clusters de um determinado conjunto de dados. Os objectos no agrupamento estão dispostos de tal forma que são semelhantes aos objectos dentro do mesmo agrupamento e são diferentes dos objectos que se encontram fora do mesmo agrupamento[43]. A análise de agregados pode ser utilizada para detetar os diferentes padrões, classificar, agrupar os objectos com base em critérios de semelhança ou dissemelhança, procurar os objectos, etc.[44].

1.7 Classificação de dados

Os modelos de classificação baseados na análise de Big Data podem ser divididos em três níveis de classificação principais, nomeadamente: nível de documento, nível de segmento e nível de entidade da análise de Big Data. O principal objetivo do nível de documento consiste em classificar a tendência do documento presente nos dados fornecidos. A análise de grandes volumes de dados ao nível dos segmentos tem como objetivo agrupar as hipóteses comunicadas em cada uma das entidades e agrupar as utilizações linguísticas de inquérito. Por outro lado, não existe um contraste básico no meio do relatório e da classificação ao nível do segmento, tendo em conta o facto de os segmentos significarem, de certa forma, os dados nas várias classes [45,46].

A ordenação do conteúdo ao nível do arquivo ou ao nível do segmento não dá ao elemento subtil importante as conclusões necessárias enquanto substância que é necessária em numerosas aplicações, para obter estes pontos de interesse e o resultado exato; temos de ir ao nível do elemento subtil para descobrir os seus aspectos[47]. O ponto de vista nos dados fornecidos espera organizar a suposição relativa às partes específicas dos elementos individuais para descobrir a sensação. O primeiro passo é reconhecer as substâncias, os seus ângulos e os seus pontos[48,49].

CAPÍTULO 2
PESQUISA BIBLIOGRÁFICA

Este capítulo contém uma breve revisão de várias técnicas de visualização e do trabalho efectuado por vários autores para melhorar os parâmetros de desempenho. A discussão também inclui os grandes dados, as suas caraterísticas e avaliação.

2.1 Introdução

Atualmente, os grandes volumes de dados estão presentes em todo o lado e a sua gestão e visualização tornaram-se uma tarefa difícil. A estruturação dos dados é uma técnica essencial que é necessária nos domínios de grandes quantidades de dados. Em especial, as técnicas de visualização de dados são muito consideradas para uma melhor compreensão dos dados disponíveis.

Para resolver estas questões, vários investigadores realizaram um grande número de trabalhos, que são apresentados de seguida:

Deepa Gupta, Sameera Siddiqui (Big Data implementation and Visualization) et al referem que as grandes organizações e agências governamentais lançaram programas de investigação para se manterem atentas aos desafios apresentados pelo big data. A visualização é utilizada como uma ferramenta eficaz para a representação de dados. Os investigadores da comunidade gráfica descobriram uma ferramenta de big data para uma visualização eficaz. Os dados recolhidos a partir da Web ou de dispositivos móveis são de grande dimensão e é necessário fornecê-los para serem compreendidos. Por outras palavras, a extração de conhecimentos ou a tomada de melhores decisões a partir desses dados, utilizando vários processos científicos, é uma tarefa difícil. A visualização é uma ferramenta que ajuda a vislumbrar os grandes dados. É abordada uma estrutura de informação denominada nanocubo e é utilizado o Hadoop para o processamento de dados e as ferramentas de descoberta de dados. A visualização ajuda a explorar mais facilmente os dados empresariais e a torná-los totalmente compreensíveis[1].

Seong-hun Park, Young-guk Ha (Visualization of Resource Description Framework Ontology Using Hadoop) et al propuseram que os modelos existentes utilizados para a visualização de grandes volumes de dados criam problemas e são uma tarefa difícil. Tentou fazê-lo utilizando o Hadoop. O sistema divide-se em três partes, ou seja, o servidor de visualização, o servidor de dados e os dispositivos de visualização. Tanto o servidor de visualização como o servidor de dados utilizam o Hadoop e o utilizador utiliza o navegador Web. O utilizador recebe o resultado da visualização no navegador Web[2].

Sun-Yuan Kung (Visualization of Big Data) et al propuseram os diferentes tipos de fontes a partir das quais os grandes dados podem ser recolhidos. Estes podem incluir dados de tipos físicos, sociais e cibernéticos, que são confusos, incompletos e imprecisos. Devido aos seus desafios de volume e velocidade (quantitativos) e variedade (qualitativos), os grandes volumes de dados são também considerados ou relacionados com algo como "o elefante para os cegos". Tem sido um paradigma importante para as ferramentas de extração de dados e de aprendizagem. Para além disso, também se refere ao paradigma V, que significa "Visualização". Ele referiu que as ferramentas de visualização são consideradas como um suplemento aos conhecimentos do domínio e fornecem uma visão global ao utilizador para o ajudar a formular questões críticas, respostas perspicazes e postular heurísticas[3].

Daniel Keim, Huamin Qu (Big-Data Visualization) et al discutiram a era dos dados, em que os dados são utilizados para uma variedade de fins. O poder de tomar decisões atempadamente com base nos dados disponíveis para o sucesso empresarial, tratamentos clínicos, segurança nacional e gestão de catástrofes. Os dados são gerados a partir de simulações, observações, experiências ou sensores em grande escala, etc., que ajudam a fazer novas descobertas utilizando as melhores ferramentas possíveis e a extrair conhecimentos a partir deles. No entanto, a maioria dos dados torna-se demasiado pequena ou demasiado grande durante o seu tempo de vida. De facto, todos os domínios de estudo e de prática têm problemas com os grandes volumes de dados. As grandes empresas do sector ou as agências governamentais enfrentam vários tipos de desafios ao lidar com os grandes volumes de dados. A visualização, por outro lado, não é suficientemente essencial para apresentar a vasta informação e a análise complexa. Esta situação abre novas oportunidades de investigação para a comunidade da visualização. Os principais destaques apresentados neste documento são os problemas relacionados com os grandes volumes de dados, ou seja, a visualização e também as novas aplicações, sistemas e tecnologias[4].

Ekaterina Olshannikova, Aleksandr Ometov (Visualizing Big Data with augmented and virtual reality: challenges and research agenda) et al propuseram uma panorâmica da multidisciplinaridade no domínio dos grandes dados e das suas técnicas e ferramentas de visualização. São discutidas as questões e os resultados da investigação. Nos grandes volumes de dados existentes, o principal objetivo é resumir os desafios que se colocam aos métodos de visualização. Apesar do estado atual da visualização de grandes volumes de dados, é apresentada uma nova solução para os problemas. Neste documento, é feita uma classificação adequada de todos os tipos de dados existentes, dos seus métodos analíticos, das ferramentas e das técnicas de visualização, com especial ênfase na metodologia de visualização dos últimos anos. Com base nestes resultados, são reveladas as desvantagens dos métodos de visualização existentes. Apesar de o desenvolvimento técnico do mundo moderno ser avaliado pelos seres humanos e pelas suas participações ou interações, o pensamento lógico é tido em conta quando se trabalha com o conceito de grandes volumes de dados. Por conseguinte, o envolvimento dos seres humanos é menor nesta grande quantidade de informação. Por conseguinte, é proposta uma abordagem, ou seja, não tradicional, em que a discussão incide sobre as capacidades da realidade virtual e aumentada que podem ser aplicadas no domínio da visualização de grandes volumes de dados. São discutidas as aplicações na visualização de grandes volumes de dados, o que constitui uma utilidade da integração da tecnologia de realidade mista. Assim, sem perdas de dados devido a interrupções ou problemas humanos num curto período de tempo, a área central da realidade mista também é discutida. A principal classificação e os desafios que podem ocorrer na integração das duas tecnologias, ou seja, capacetes de realidade aumentada e ecrãs de realidade virtual, e os impactos são também discutidos[5].

Charles (Chuck) Hansen (Big Data: A Scientific Visualization Perspective) et al propuseram que existem computadores modernos de alta velocidade e desempenho que medem a dimensão dos dados em terabytes e petabytes. Estas máquinas oferecem um enorme potencial para a resolução de problemas realistas de grande escala, mas a eficácia depende principalmente da capacidade humana de interagir com os resultados da simulação e extrair informações úteis. [st]No século XXI, o maior desafio será a utilização desta vasta quantidade de informação produzida e a sua compreensão efectiva. A análise visual de dados será o fator mais importante para a compreensão dessa informação em grande escala[6].

Jinson Zhang, Mao Lin Huang (5Ws Model for Big Data Analysis and Visualization) et al discutiram o conceito de big data, definindo-o como uma coleção de múltiplos conjuntos de dados que contêm imagens, vídeo, texto, áudio e outras formas de dados. Estes dados são difíceis de processar utilizando as ferramentas e aplicações tradicionais dos sistemas de gestão de bases de dados. Neste documento, as dimensões dos dados 5Ws são mencionadas no modelo 5Ws que analisa e visualiza os grandes dados. Os 5Ws são: o que é o conteúdo dos dados, porque é que esses dados ocorreram, de onde vieram esses dados, quando é que esses dados ocorreram, quem recebeu os dados e, por último, como é que são transferidos. Este quadro estabelece padrões de densidade e classifica os atributos e padrões dos grandes volumes de dados. Proporcionam uma caraterística mais analítica. São utilizados agrupamentos visuais para apresentar as densidades de envio e receção de dados. A análise e a visualização de grandes volumes de dados são mais eficazes neste contexto[7].

Yun Lu1, Mingjin Zhang (sksOpen: Efficient Indexing, Querying, and Visualization of Geo-spatial Big Data) et al propuseram que, com o rápido crescimento dos dados ou a utilização de serviços baseados na Web, o desempenho da consulta de dados também está a degradar-se. Falam de dados baseados na localização e de indexação espacial, e afirmam que têm consumido muito tempo e não estão facilmente disponíveis para os utilizadores. Este desafio foi abordado e a equipa desenvolveu um sistema de indexação e consulta em linha de fonte aberta. Além disso, fornecem uma solução para a visualização dos resultados das consultas nos mapas interactivos[8].

Jinson Zhang, Wen Bo Wang (Big Data Density Analytics using Parallel Coordinate Visualization) et al discutiram uma ferramenta popular, ou seja, coordenadas paralelas que são utilizadas para visualizar e analisar dados multivariados e de elevada dimensão. Nas coordenadas paralelas, a confusão de dados é o principal problema na visualização de grandes volumes de dados. Com o aumento da dimensão e da complexidade dos dados, surgiram três problemas que foram debatidos neste documento: em primeiro lugar, como é que os eixos paralelos podem ser reorganizados sem a perda dos padrões de dados; em segundo lugar, como é que em cada eixo os atributos de dados gritantes podem ser representados sem a perda de tendências de dados e, por último, como é que os padrões de dados para dados estruturados e não estruturados podem ser visualizados para a análise de grandes volumes de dados. Por conseguinte, neste documento, estes problemas de visualização são discutidos e foi desenvolvido um modelo de 5W. Até 80 por cento dos dados sobre lapidação são reduzidos e a perda de padrões de dados também é reduzida pela utilização de atributos e padrões de grandes volumes de dados[9].

Kathleen Kerr, Waqas Javen (Visualization and Rhetoric: Key Concerns for Utilizing Big Data in Humanities Research) et al propuseram que os resultados da extração de dados fossem visualizados pelos investigadores bem sucedidos que utilizam as técnicas computacionais. Neste artigo, são apresentados os esforços para utilizar os grandes volumes de dados nas notícias para noticiar a vacinação durante, antes e depois do estudo de caso de 1918. O foco principal está nos vários métodos de extração de dados, nas práticas de visualização de dados e no impacto das escolhas do design de visualização, nas observações e nas decisões interpretativas. O elemento-chave é considerado como a aceitação do método de extração de dados. É dada atenção à visualização e às convenções metodológicas para uma melhor interpretação dos grandes volumes de dados[10].

Timothy G. Mattson (Big Data: What happens when data actually gets big?) et al propuseram que os grandes dados são atualmente um grande problema. Uma solução ineficaz baseia-se em produtos diretos sobre conjuntos de dados, como o map reduce do Hadoop, e todos os armazenamentos de dados disponíveis. Os dados circulam entre o computador e os servidores de dados. A solução de software de grandes volumes de dados evolui para facilitar o futuro dos problemas de grandes volumes de dados. O armazenamento de dados deve corresponder aos dados e às consultas e processar os dados com precisão. A visualização é um desses problemas e, no futuro, deverá ser criada uma implementação de referência[11].

Yingjian Qi, Xinyan Yu (Visualization in Media Big Data Analysis) et al. referiram que, à medida que a tecnologia de grandes volumes de dados se desenvolve rapidamente, a aplicação da tecnologia de visualização também é muito utilizada. Os resultados da análise de dados podem ser mostrados de forma mais intuitiva pela visualização de dados e também têm significado prático. Neste documento, é apresentada uma variedade de métodos de visualização de dados dos meios de comunicação social, juntamente com o desenvolvimento da informação dos meios de comunicação social. Em primeiro lugar, são introduzidos os principais conteúdos e métodos básicos para a visualização de texto; em segundo lugar, são discutidas as caraterísticas e o significado social da visualização de dados do microblog e, por último, de acordo com os utilizadores do microblog, são introduzidos os dados de informação geográfica, que, em suma, são capazes de analisar os dados de forma mais aprofundada e mostrar a natureza da lei das coisas através da visualização[12].

Peng Chen, Beth Plale (Big Data Provenance Analysis and Visualization) et al afirmaram que a proveniência da experimentação de E-Science capturada é muito grande e complexa, a simulação baseada em agentes que tem milhares de componentes heterogéneos está a interagir durante longos períodos de tempo. Este documento trata da utilização da proveniência da E-Science à escala. Inicialmente, tratou da visualização de grandes gráficos de proveniência e propôs uma representação hipotética da proveniência que apoia a extração de dados. O seu trabalho recente envolve a análise de grandes dados de proveniência gerados a partir da simulação baseada em agentes numa única máquina. Por conseguinte, na continuação, são propostas técnicas de processamento de fluxos para apoiar a análise contínua e em tempo real da proveniência dos dados. Estes são capturados a partir de simulações baseadas em agentes em HPC e, por conseguinte, têm uma complexidade e um volume invulgares[13].

Korovin Aleksandr Sergeevich, Abdrashitova Maria Ovseevna (Web-Application for Real-Time Big Data Visualization of Complex Physical Experiments) et al. debruçaram-se sobre uma ferramenta que fornece uma interface de utilizador interactiva, utilizando várias técnicas de visualização para mostrar o estado de diferentes experiências físicas. Estas experiências produzem grandes volumes de dados heterogéneos em tempo real. O processo de tratamento dos dados é bastante complicado. As implementações são feitas principalmente através da utilização de aplicações baseadas na Web que envolvem ferramentas remotas, independentemente do sistema operativo e do dispositivo do utilizador, como o telemóvel e o computador de secretária. Os autores propuseram a implementação de componentes que melhoram a eficácia da afinação do desempenho. Os ecrãs de visualização são feitos através de alterações frequentes nas definições experimentais. Por isso, a interface gráfica do utilizador (GUI) utiliza a tecnologia de arrastar e largar para organizar os elementos de controlo gráfico. Foi criado um editor WYSIWYG. O sistema concebido é um passo no desenvolvimento da tecnologia da informação que permite aos especialistas analisar de forma mais eficaz dados heterogéneos provenientes de diferentes domínios para as experiências físicas[14].

Hui Li e Xin Lü (Challenges and Trends of Big Data Analytics) debateram os desafios que se colocam aos dados digitais e à visualização de grandes volumes de dados. Os vários aspectos são a heterogeneidade, a atualidade e a escala dos dados. Exige uma análise profunda, tendo em conta as caraterísticas dos grandes dados. É apresentada uma visão geral das tendências da análise de grandes volumes de dados. Tanto na técnica como na teoria, o desenvolvimento de testes, a tecnologia de visualização, a arquitetura mista, a arquitetura avançada e um conjunto de ferramentas de desenvolvimento, gestão e teste contribuem para a análise de grandes volumes de dados em grande escala[15].

Georgios Stavropoulos, Stelios Krinidis (A Building Performance Evaluation & Visualization System) et al discutiram o desempenho do edifício de grandes dados que avalia o processo de conhecimento e um sistema de extração que utiliza a análise visual. Um conjunto de dados maciço que inclui informações sobre o edifício, consumo de energia, presença humana e medidas ambientais. Este conjunto de dados permite efetuar a avaliação do desempenho. É o fator mais importante que leva à melhoria do edifício e à construção com baixo consumo de energia e emissões de gases em conjunto com conforto, utilidade e durabilidade. Para isso, os processos de negócio que ocorrem no edifício são associados aos fluxos humanos e ao consumo de energia no domínio espácio-temporal para o comportamento dinâmico do edifício. Estes modelos são importantes para a avaliação do desempenho do edifício. Permitem a extração de informações úteis. Além disso, as técnicas de análise visual permitem ao utilizador final processar dados em várias resoluções temporais e filtros, permitindo-lhe detetar padrões difíceis de detetar de outra forma. As técnicas de análise visual propostas no documento permitem apoiar as decisões de conceção e de gestão da energia. O sistema inclui uma variedade de técnicas e componentes que são devidamente selecionados para a rápida identificação da avaliação e dos pontos focais do desempenho do edifício[16].

Ronak Etemadpour, Angus Graeme Forbes (Evaluating Density-based Motion for Big Data Visual Analytics) et al. referiram que a análise visual para a codificação de dados multidimensionais pode ser efectuada através de técnicas de redução da dimensionalidade. Projecta dados com dimensões e objectos muito grandes em número. As dimensões são basicamente de um espaço dimensional superior para um inferior. A densidade dos agregados multidimensionais é fortemente afetada pela forma como estes agregados podem ser percebidos, em tarefas de análise visual. No entanto, esta caraterística perde-se quando os conjuntos de dados são projectados no espaço 2D, afectando gravemente as tarefas de análise visual. Assim, é possível que seja necessária informação sobre a densidade na redução da dimensionalidade. Assim, o artigo aborda a perceção dos agrupamentos e a forma como os gráficos de dispersão 2D e a densidade dos agrupamentos podem ser mapeados para o movimento dos pontos constituintes individualmente. Consideraram os vários tipos de movimento baseados na densidade, em que a densidade dos agregados está diretamente relacionada com a magnitude do movimento. Realizaram uma série de dados de utilizadores e observaram poderosas alterações visuais nos tipos de agrupamento e segmentação durante as tarefas de perceção. Descobriram também que os utilizadores que utilizam o movimento se distinguem facilmente entre agrupamentos com densidades diferentes. A mudança visual por unidade de tempo foi diferente para vários movimentos. Discutiram tudo sobre a forma como os grupos de dados são visualizados de forma diferente e dependem de vários factores[17].

Thomas Hansmann, Peter Niemeyer (Big Data-Characterizing an Emerging Research Field using Topic Models) et al. referiram que, no domínio dos sistemas de informação empresarial, os grandes volumes de dados são um tema emergente e são também sugeridos como uma chave para qualquer empresa no futuro. Várias empresas de TI oferecem um excesso de soluções analíticas para ajudar a empresa a tirar partido da inundação de dados que são gerados dentro ou fora da empresa. Apesar disso, não existe uma forma comum de diferenciar os elementos do conceito de grandes volumes de dados. Os autores propuseram uma visão caraterística dos conceitos de megadados existentes e uma maior clarificação do tema dos megadados. É seguida uma metodologia adequada e são aplicados processos de duas etapas para validar as dimensões. As várias dimensões e infra-estruturas de TI foram discutidas neste documento e, com base nelas, os resultados são revelados. A análise e o processamento de dados são mais focados; a visualização e a utilização dos resultados da análise são objeto de menor atenção[18].

Jinxin Huang, Lin Niu, Jie Zhan (Technical Aspects and Case Study of Big Data based Condition Monitoring of Power Apparatuses) et al apresenta as tecnologias básicas do big data que se baseiam na monitorização do estado dos aparelhos de energia. Este documento aborda vários aspectos: em primeiro lugar, o sistema de energia de big data e as caraterísticas do big data; em segundo lugar, são abordadas as tecnologias do sistema, ou seja, a técnica de gestão de big data, as tecnologias de análise, as tecnologias de processamento e a tecnologia de visualização. Em terceiro lugar, são também abordadas as técnicas de avaliação de big data dos aparelhos de energia, que incluem a fusão de dados de sinais provenientes de vários sensores, a análise histórica e de associação de equipamentos combinados. Por último, é abordado o SIG e o cabo elétrico, que inclui o hardware do sistema e a avaliação do estado dos megadados. Todos estes aspectos foram propostos neste documento[19].

GP De Jager, LJ Grobler (How to improve efficiency on analyzing big data on a large number of measurement and verification projects) et al referiram que os grandes volumes de dados são uma coleção de conjuntos de dados complexos e de grandes dimensões, cujo processamento é difícil através da utilização de métodos básicos, como as aplicações de processamento de dados tradicionais ou de fácil acesso. Os novos desafios foram introduzidos pelos grandes conjuntos de dados, que podem ser o armazenamento, a pesquisa, a transferência, a partilha, a gestão, a manutenção, a visualização e assim por diante. No artigo, é proposto tudo sobre a conceção, as técnicas, a filosofia e a experiência na perspetiva da tecnologia da informação. Trata-se de dados de energia em grande quantidade. O veículo para o utilizador não informático aumentar a sua eficiência na visualização e análise dos dados energéticos para a tomada de decisões no sector empresarial[20].

Victor Hugo Andrade Soares, Joelson Antonio dos Santos (Visualização em Big Data: Uma ferramenta para o reconhecimento de padrões em fluxo de dados) et al à medida que há o desenvolvimento de novas tecnologias, elas são responsáveis pelo armazenamento de enormes e sequenciadas quantidades de dados, esse tipo de dado é conhecido como stream data. A análise deste tipo de dados é mais vantajosa para vários domínios, como a medicina, as empresas, a bioinformática, etc. Os dados são analisados em vários domínios, como a medicina, as empresas, a bioinformática, etc., uma vez que permitem extrair informações importantes desses dados. Neste documento, foi proposto um novo software para a visualização de dados e permite a análise da progressão de clusters durante o fluxo de dados em tempo real. A ferramenta discutida para a visualização é um ponto positivo para SAMOA, e uma nova variante de análise massiva em linha (MOA) para o processamento de fluxos de dados enormes e distribuição de extração[21].

Lixin WU, Jieqing Yua (Spatial big data organization, access and visualization with ESSG) et al afirma que os dados globais no planeta Terra têm centenas de SRF (Spatial reference frame) que são aplicados e uma grande diferença entre estes SRFs bloqueou a partilha destes dados globais. Conceptualmente, o esferoide tem um raio de cerca de 12 800 km e, para produzir a ESSG (grelha espacial do sistema terrestre), é aplicado um método de grelha de octetos degenerados. Este método tem uma caraterística natural para ser aplicado. Foi concebida uma estrutura de dados tripla CTA que organiza basicamente os grandes dados. Uma tabela 2D, para cortes temporais e valores de atributos, está presente em cada grelha para registar os dados. Sem os obstáculos do QRE e as lacunas disciplinares, os grandes dados podem ser organizados em grelha e inter-relacionados. O modo de organização dos dados integrais é concebido e as formas como um utilizador pode aceder a estes dados globais partilháveis são também apresentadas. É também demonstrada uma visualização integrada de grandes objectos globais, como imagens de satélite, a Dem, a curva global[22].

Florian Reichl, Marc Treib (Visualization of Big SPH Simulations via Compressed Octree Grids) et al discutiram sobre a representação da distribuição dispersa no campo 3D que se tornou um desafio, uma vez que a visualização necessária é interactiva e de alta qualidade. Isto pode ser feito através de uma abordagem comum que é a reamostragem das quantidades transportadas pelas partículas. Isto implica uma grelha regular ou uma grelha de renderização. Neste documento, são discutidas as abordagens acima mencionadas e é também demonstrado que estas também podem funcionar em casos extremos em comparação com os requisitos de memória e o desempenho de renderização. Os dados das partículas na grelha de blocos múltiplos são reamostrados e a resolução dos blocos é representada pela distribuição das partículas. Com esta estrutura, é construída uma grelha octree e, em seguida, cada bloco da hierarquia é comprimido sem perda visual. A descompressão é efectuada no GPU e pode ser eficazmente integrada. Em seguida, a abordagem construída é comparada com a abordagem de grelha em perspetiva. Além disso, a demonstração de tempos de renderização mais rápidos e de alta qualidade é aumentada em comparação com o conjunto de partículas, que é basicamente bruto apenas com uma memória moderada[23].

Ya-Ting Chang, Shih-Wei Sun (A Real time Interactive Visualization System for Knowledge Transfer from Social Media in a Big Data) et al demonstraram um sistema de visualização para os meios de comunicação social intra-utilizador e inter-utilizador a partir de um grande volume de dados. O sistema proposto apresenta os dados intra-utilizador e inter-utilizador numa rede social, o que é feito através da integração de um projetor (como saída), de uma câmara de profundidade e de dispositivos móveis (como entrada) e da análise das informações dos meios de comunicação social que pertencem aos utilizadores de início de sessão. Também são fornecidos os meios de comunicação social contribuídos pela comunidade. Há três aspectos básicos propostos neste sistema: (a) sistema de visualização e análise em tempo real de uma rede social; (b) câmara kinect e um dispositivo móvel podem ser utilizados pelo utilizador para interagir com o sistema; e (c) em grandes volumes de dados, a análise da rede social baseia-se nos meios de comunicação intra-utilizador e inter-utilizador gerados pelo conceito de transferência de conhecimentos[24].

Ciro Donalek, S. G. Djorgovski (Immersive and Collaborative Data Visualization Using Virtual Reality Platforms) et al. referiram que, na era dos grandes volumes de dados, a parte principal do processo de descoberta é a visualização eficaz dos dados. A visualização é considerada como a ponte entre a imaginação humana e o conteúdo dos dados, sendo também um componente essencial do conhecimento e da compreensão dos dados. A visualização desempenha um papel importante no processo de extração de dados, ajudando a remover e a identificar os dados errados da análise. No entanto, a elevada dimensionalidade ou complexidade dos conjuntos de dados modernos apresenta um obstáculo excecional. Como é que os espaços multidimensionais podem ser visualizados com diferentes padrões e estruturas? Uma melhor forma de compreender o problema, ou seja, como podemos interagir com esta informação multidimensional. Por outro lado, explorar a utilização de plataformas de realidade virtual imersiva para a visualização científica de dados. Pode também ser fornecida uma visualização de dados colaborativa dos dados multidimensionais. Assim, é criado um caminho natural e fácil. Aqui, os cientistas e os seus colegas podem interagir com os dados e no mesmo espaço visual. Os benefícios são proporcionados pela imersão para além da tradicional ferramenta de visualização de secretária[25].

2.2 Definição do problema

Na pesquisa bibliográfica, reconhece-se que o psuedocode para construir nanocubos pode ser mais optimizado. Os nanocubos são descritos como cubos de dados únicos que não requerem grandes quantidades de dados para a visualização. No modelo existente, não existe uma categorização específica da cor, ou seja, a mesma cor é utilizada para a representação do nanocubo e não é utilizada para os multi-clusters. Assim, pode ser feita uma abordagem melhorada que seja adequada para os múltiplos clusters e o código possa ser mais optimizado.

CAPÍTULO 3
FORMULAÇÃO DO PROBLEMA E OBJECTIVOS

Este capítulo discute a formulação do problema e os objectivos do nosso trabalho proposto.

3.1 Formulação do problema

O modelo existente foi considerado não-probabilístico por natureza e postulou-se que o psuedocode do nanocubo pode ser mais optimizado para uma melhor visualização. Além disso, a grande quantidade de dados não pode ser representada num ecrã pequeno e o seu carregamento em computadores portáteis modernos pode causar problemas na memória principal. Para este cenário, foram construídos nanocubos. O nanocubo permite o armazenamento eficiente e a consulta de grandes conjuntos de dados, mas sem limites, ou seja, a variedade de dados do mundo real pode ser representada eficazmente utilizando nanocubos. Os navegadores Web, como o Firefox e o Chrome, podem ser utilizados para implementar estes dados ilimitados utilizando algumas caraterísticas métricas. Por conseguinte, é possível criar uma abordagem para visualizar os dados num ecrã pequeno. Por outras palavras, a enorme quantidade de dados pode ser representada num pequeno ecrã utilizando algumas métricas; os nanocubos podem ser utilizados para uma melhor visualização dos conjuntos de dados.

3.2 Objectivos da investigação

1. Para melhorar a formação de nanocubos utilizando uma caraterística baseada na intensidade que categorizará os dados com base na perspetiva do utilizador.
2. Para tornar o sistema adequado para os vários clusters, ou seja, cada cluster é apresentado por cores diferentes com base na sua intensidade.
3. Para criar uma abordagem que utilize nanocubos e tecnologia Web para uma melhor visualização dos dados no pequeno ecrã.

CAPÍTULO 4
METODOLOGIA E PROCEDIMENTO DE APLICAÇÃO

Este capítulo descreve um procedimento de implementação completo, passo a passo, a configuração da implementação e a ferramenta utilizada para a visualização de grandes volumes de dados utilizando nanocubos e caraterísticas baseadas na intensidade no código-fonte.

4.1 Procedimento de aplicação

Conforme discutido na pesquisa bibliográfica, há um problema de definição, há vários problemas no modelo existente para a visualização dos grandes dados. Por isso, há necessidade de melhorar o modelo existente para uma melhor visualização e visão. Propusemos o algoritmo para avaliar a semelhança e a relação entre as entidades de dados para a descoberta de tendências e padrões perfeitos nos dados fornecidos para uma análise mais aprofundada dos dados.

Propomos a utilização de um conjunto rico de caraterísticas de análise de Big Data, tais como a classificação positiva, negativa e automática de caraterísticas de produtos e a sumarização automática. O método de seleção de caraterísticas proposto pode melhorar o desempenho da classificação de opiniões e padrões. A Rede de Relações de Caraterísticas proposta é um método de classificação de sentimentos baseado em regras que encontra as tendências numéricas e as caraterísticas dos dados de mensagens fornecidos. O algoritmo proposto é composto por quatro componentes básicos: Aquisição de Post/Thread, Tokenização, Avaliação de Similaridade e Análise baseada em Segmentação. A implementação passo a passo do modelo proposto é descrita da seguinte forma:

ETAPA 1: Aquisição de postes ou linhas (recolha de dados)

É o primeiro passo que é basicamente utilizado para ler os dados guardados offline. A aquisição de dados lê basicamente os dados na sua forma verdadeira ou em bruto, que precisam de ser processados posteriormente.

PASSO 2: Tokenização

Neste módulo, com base na regra supervisionada e não supervisionada, os programas lêem as entidades de dados necessárias a partir dos dados fornecidos. Este saco de caraterísticas (também designado por saco de palavras) é obtido a partir dos dados fornecidos através da utilização da tokenização ou da análise de tendências sobre os dados fornecidos. Os dados são então carregados para a memória e passados para o processo de tokenização para posterior processo de computação. Este processo de tokenização extrai todos os termos ou palavras dos dados de entrada e filtra-os com base numa lista de caraterísticas valiosas.

PASSO 3: Avaliação da semelhança

Neste módulo, os dados de entrada são analisados para a avaliação baseada na inter-entidade para todas as entidades individuais nos dados fornecidos. A avaliação baseada na similaridade é utilizada para agrupar os dados num único segmento. O ficheiro contém a classificação de cada uma das palavras constantes da lista. A classificação, o peso ou a força das palavras foram listados no documento dentro dos intervalos variáveis. O saco de palavras é classificado com base na sua utilização e no seu impacto nos dados de entrada.

PASSO 4: Análise baseada na segmentação

Extrairá os segmentos de acordo com as várias tendências e as suas microcomponentes através das seguintes etapas:

- Um documento ou uma entidade individual é dividido nas suas partes básicas de segmentos, denominados clusters, que identificam os elementos estruturais de um documento, segmento ou entidades individuais.
- Padrões e tendências segmentares nos dados de entrada, que são identificados através da utilização de algoritmos especificamente concebidos para o efeito.
- Cada segmento que contém as tendências e os padrões num documento é calculado com base na pontuação de semelhança e nos dados de semelhança baseados numa escala logarítmica que varia dentro da escala variável
- Finalmente, as pontuações são combinadas para determinar a análise global do segmento do documento e dos segmentos. As pontuações dos documentos variam em função das tendências úteis e valiosas para a segmentação dos dados.

4.2 Algoritmo de análise de grandes volumes de dados

Todos os dados de entrada são agrupados nos vários grupos. O agrupamento ou clustering dos dados é sempre efectuado com base na avaliação da semelhança na última etapa. As entidades de dados são agrupadas nos vários segmentos com base na semelhança efectuada na fase de avaliação da semelhança em relação a cada entidade do conjunto de dados. O algoritmo seguinte descreve bem o modelo analítico de grandes volumes de dados no âmbito do modelo proposto:

Algoritmo: Breve conceção do algoritmo de análise de grandes volumes de dados

---

1. *Obter os dados do thread de big data de entrada Tr*
2. *Extrair a lista de termos primários dos dados de entrada*
3. *Extrair o número N de colunas dos dados de entrada*
4. *Carregar os dados de conhecimento da classificação supervisionada de tendências e caraterísticas (TFC)*
5. *Classificar os dados nas várias tendências com base na avaliação de semelhança baseada nos dados TFC*
6. Aquisição dos dados de conhecimento da classificação de padrões (PAC)
7. Descobrir os padrões nos dados com base nos dados PAC
8. Classificar as entidades de dados nos vários três tipos primários com base na avaliação da intensidade
    a. Se a pontuação de similaridade for demasiado elevada
        i. Atribuir os dados ao cluster baseado no índice de alta intensidade
    b. Se a pontuação de similaridade for calculada no nível moderado
        i. Atribuir os dados ao cluster baseado no índice de intensidade moderada
    c. Se a pontuação de similaridade for calculada no nível inferior
        i. Atribuir os dados no cluster baseado no índice de intensidade mais baixo
9. Colaborar com a indexação e o agrupamento baseados em prioridades
10. Devolver os dados finais processados e segmentados

4.3 Fluxograma

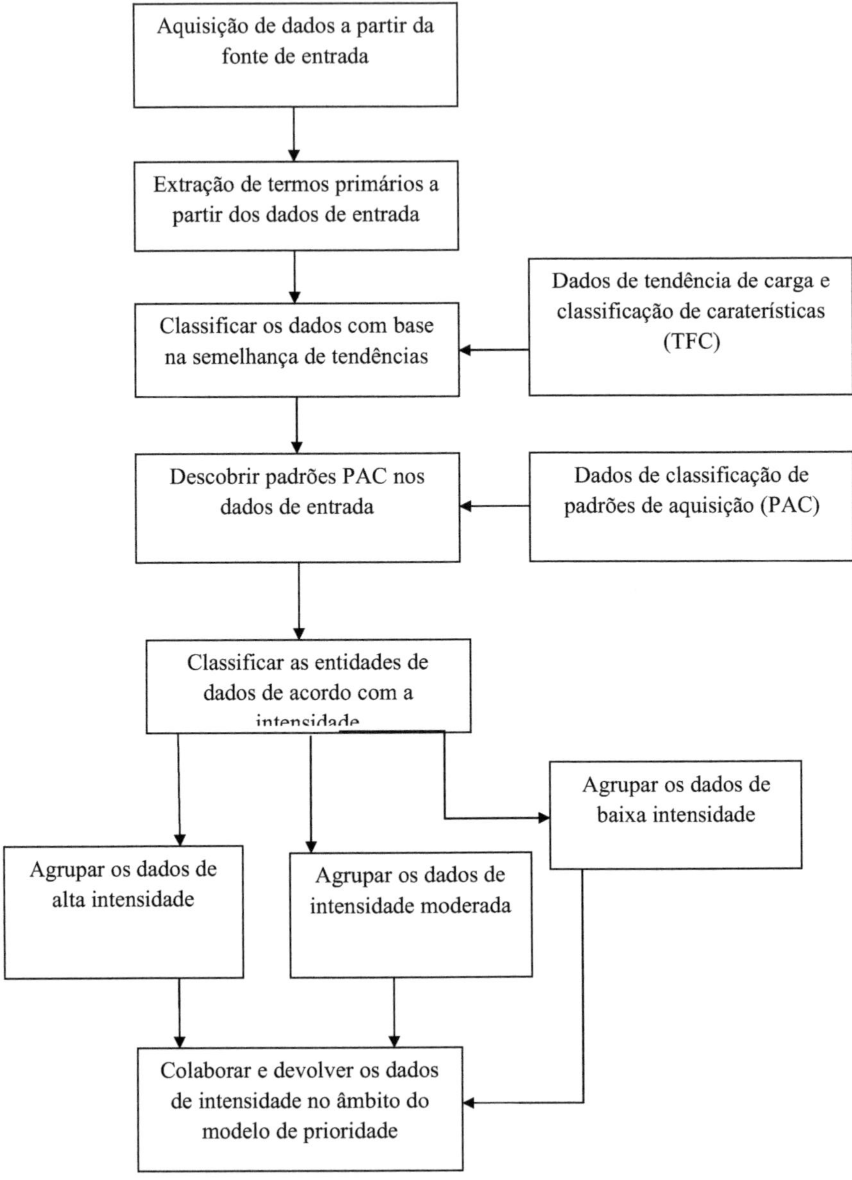

4.4 Ferramentas utilizadas

Para a aplicação do modelo proposto, é necessária a seguinte configuração ambiental:

Tabela 4.1: Requisitos de hardware e software

CPU	Intel Dual Core 1,7 GHz
RAM	2 GB
DISCO RÍGIDO	100 GB
Sistemas operativos	Ubuntu Linux
Simulador	Hadoop
Servidor	Servidor Web
Linguagem de programação	Java, JavaScript

4.4.1 Apache Hadoop

É uma estrutura de software de código aberto escrita em Java para armazenamento distribuído e processamento distribuído de conjuntos de dados muito grandes em clusters de computadores construídos a partir de hardware de base. Todos os módulos do Hadoop são concebidos com o pressuposto fundamental de que as falhas de hardware (de máquinas individuais ou de racks de máquinas) são comuns e, por conseguinte, devem ser tratadas automaticamente em software pela estrutura.

O termo Hadoop voltou a referir-se não apenas aos módulos de base, mas também ao esquema, ou variedade de outros pacotes de código que serão colocados em cima do Hadoop, como Apache Pig, Apache Hive, Apache HBase, Apache Phoenix, Apache Spark, Apache ZooKeeper, Cloudera Aepyceros melampus, Apache Flume, Apache Sqoop, Apache Oozie, Apache Storm.

O núcleo do Apache Hadoop é constituído por uma parte de armazenamento (Hadoop Distributed File System (HDFS)) e uma parte de processamento (Map Reduce). O Hadoop divide os ficheiros em grandes blocos e distribui-os pelos nós do cluster. Para processar os dados, o Hadoop Map Reduce transfere código empacotado para os nós processarem em paralelo, com base nos dados que cada nó precisa de processar. Esta abordagem tira partido da localidade dos dados nós que manipulam os dados que têm à mão para permitir que os dados sejam processados de forma mais rápida e eficiente do que seria numa arquitetura de supercomputador mais convencional que se baseia num sistema de ficheiros paralelo em que a computação e os dados estão ligados através de uma rede de alta velocidade.

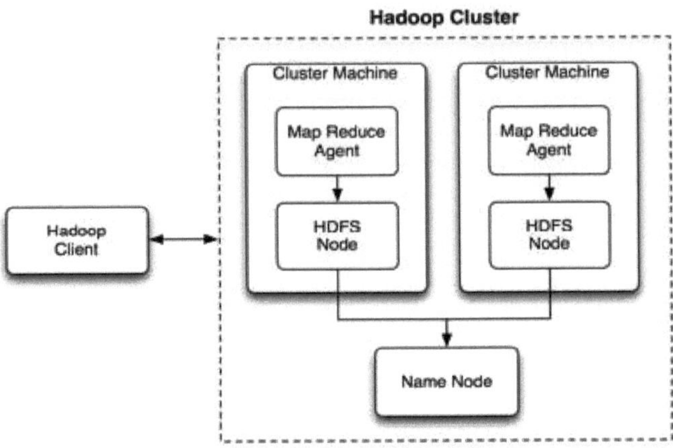

Figura 4.1: Arquitetura Hadoop

4.4.1.1 Redução de mapas:

O Hadoop Map Reduce é uma estrutura de software para escrever facilmente aplicações que processam grandes quantidades de dados (conjuntos de dados de vários terabytes) em paralelo em grandes clusters (milhares de nós) de hardware de base de uma forma fiável e tolerante a falhas. Uma *tarefa de* redução de mapas divide normalmente o conjunto de dados de entrada em partes independentes que são processadas pelas *tarefas de mapas* de uma forma completamente paralela. A estrutura ordena as saídas dos mapas, que são então introduzidas nas *tarefas de redução*. Normalmente, tanto a entrada como a saída do trabalho são armazenadas num sistema de ficheiros. A estrutura encarrega-se de programar as tarefas, monitorizá-las e reexecutar as tarefas que falharam.

Normalmente, os nós de computação e os nós de armazenamento são os mesmos, ou seja, a estrutura Map Reduce e o Hadoop Distributed File System (consulte o Guia de Arquitetura do HDFS) são executados no mesmo conjunto de nós. Essa configuração permite que a estrutura programe efetivamente tarefas nos nós onde os dados já estão presentes, resultando em uma largura de banda agregada muito alta em todo o cluster.

A estrutura de redução de mapas consiste num único gestor de recursos principal, um gestor de nós de trabalho por nó de cluster e um MRAppMaster por aplicação (ver Guia de Arquitetura YARN). No mínimo, as aplicações especificam as localizações de entrada/saída e fornecem funções *de mapa* e *redução* através de implementações de interfaces apropriadas e/ou classes abstractas. Estes e outros parâmetros do trabalho constituem a *configuração do trabalho*. O *cliente do trabalho* Hadoop submete então o trabalho (jar/executável, etc.) e a configuração ao gestor de recursos, que assume então a responsabilidade de distribuir o software/configuração aos trabalhadores, programando tarefas e monitorizando-as, fornecendo informações de estado e de diagnóstico ao cliente do trabalho.

4.4.1.2 Sistema de ficheiros distribuídos Hadoop (HDFS):

O sistema de ficheiros distribuídos Hadoop (HDFS) é um sistema de ficheiros distribuído, escalável e portátil escrito em Java para a estrutura Hadoop. Alguns consideram o HDFS como um armazenamento de dados devido à sua falta de conformidade com POSIX e incapacidade de ser montado, mas fornece comandos shell e métodos da API Java que são semelhantes a outros sistemas de ficheiros. Um cluster Hadoop tem nominalmente um único nó de nome mais um cluster de nós de dados, embora opções de redundância estejam disponíveis para o nó de nome devido à sua criticidade. Cada nó de dados serve blocos de dados através da rede usando um protocolo de bloco específico para o HDFS. O sistema de ficheiros utiliza sockets TCP/IP para a comunicação. Os clientes usam a chamada de procedimento remoto (RPC) para se comunicarem entre si.

O HDFS armazena ficheiros grandes (tipicamente na ordem dos gigabytes a terabytes) em várias máquinas. Ele atinge a confiabilidade replicando os dados em vários hosts e, portanto, teoricamente não requer armazenamento RAID nos hosts (mas para aumentar o desempenho de E/S, algumas configurações RAID ainda são úteis). Com o valor de replicação padrão, 3, os dados são armazenados em três nós: dois no mesmo rack e um em um rack diferente. Os nós de dados podem conversar entre si para reequilibrar os dados, mover cópias e manter a replicação de dados alta. O HDFS não é totalmente compatível com POSIX, porque os requisitos para um sistema de ficheiros POSIX diferem dos objectivos pretendidos para uma aplicação Hadoop. A desvantagem de não ter um sistema de ficheiros totalmente compatível com POSIX é o aumento do desempenho para o débito de dados e o suporte para operações não-POSIX, como o Append.

O sistema de arquivos HDFS inclui um chamado *namenode secundário*, um nome enganoso que alguns podem interpretar incorretamente como um namenode de backup para quando o namenode primário fica offline. Na verdade, o namenode secundário conecta-se regularmente com o namenode primário e cria instantâneos das informações do diretório do namenode primário, que o sistema salva em diretórios locais ou remotos. Estas imagens apontadas podem ser utilizadas para reiniciar um namenode primário que falhou sem ter de repetir todo o diário das acções do sistema de ficheiros, e depois editar o registo para criar uma estrutura de diretórios actualizada. Como o nó de nome é o ponto único para armazenamento e gerenciamento de metadados, ele pode se tornar um gargalo para suportar um grande número de arquivos, especialmente um grande número de arquivos pequenos. A Federação HDFS, uma nova adição, tem como objetivo resolver este problema até certo ponto, permitindo múltiplos espaços de nomes servidos por nós de nomes separados. O HDFS foi concebido para ficheiros maioritariamente imutáveis e pode não ser adequado para sistemas que requerem operações de escrita simultâneas.

4.4.2 JAVA

Java é um conjunto de software e especificações informáticas desenvolvido pela Sun Microsystems, mais tarde adquirida pela Oracle Corporation, que fornece um sistema para o desenvolvimento de software de aplicação e a sua implementação num ambiente informático multiplataforma. O Java é utilizado numa grande variedade de plataformas informáticas, desde dispositivos incorporados e telemóveis a servidores empresariais e supercomputadores. Embora sejam menos comuns do que as aplicações Java autónomas, as applets Java são executadas em ambientes seguros e protegidos para fornecer muitas caraterísticas das aplicações nativas e podem ser incorporadas em páginas HTML.

Escrever na linguagem de programação Java é a principal forma de produzir código que será implementado como código de byte numa Máquina Virtual Java (JVM); estão também disponíveis compiladores de código de byte para outras linguagens, incluindo Ada, JavaScript, Python e Ruby. Além disso, várias linguagens foram concebidas para serem executadas nativamente na JVM, incluindo Scala, Clojure e Apache Groovy. A sintaxe de Java inspira-se fortemente em C e C++, mas as caraterísticas orientadas para objectos são modeladas a partir de Smalltalk e Objective-C.[11] Java evita certas construções de baixo nível, como os ponteiros, e tem um modelo de memória muito simples, em que cada objeto é atribuído no heap e todas as variáveis de tipos de objeto são referências. A gestão da memória é efectuada através da recolha automática de lixo integrada realizada pela JVM.

- AMBIENTE DE TEMPO DE EXECUÇÃO JAVA

O Java Runtime Environment (JRE) lançado pela Oracle é uma distribuição de software que contém uma VM Java autónoma (Hot Spot), um plug-in de browser, bibliotecas padrão Java e uma ferramenta de configuração. É o ambiente Java mais comum instalado em computadores Windows. Está disponível gratuitamente para transferência no sítio Web java.com.

a. Desempenho: A especificação da JVM dá muita margem de manobra aos *implementadores* relativamente aos detalhes de implementação. Desde o Java 1.3, a JRE da Oracle contém uma JVM chamada Hot Spot. Ela foi projetada para ser uma JVM de alto desempenho. Para acelerar a execução do código, o Hot Spot baseia-se na compilação just-in-time. Para acelerar a alocação de objectos e a recolha de lixo, o Hot Spot utiliza o heap geracional.

b. Heap geracional: O heap da máquina virtual Java é a área de memória usada pela JVM para alocação dinâmica de memória. No Hot Spot, o heap é dividido em gerações:

   i) Os armazéns de nova geração são objectos de curta duração que são criados e o lixo é imediatamente recolhido.

   ii) Os objectos que persistem durante mais tempo são movidos para a geração antiga (também designada por geração estável). Esta memória está subdividida em (dois) espaços Survivors onde são armazenados os objectos que sobreviveram à primeira e à próxima recolha de lixo.

c. Segurança: O JRE da Oracle está instalado num grande número de computadores. Uma vez que qualquer página Web que o utilizador visita pode executar applets Java, o Java proporciona uma superfície de ataque facilmente acessível a sítios Web maliciosos que o utilizador visita. A Kaspersky Labs informa que o plug-in Java do navegador Web é o método de eleição dos criminosos informáticos. As explorações Java estão incluídas em muitos pacotes de explorações que os piratas informáticos implantam em sítios Web pirateados.

d. Controvérsia sobre a barra de ferramentas: No início de 2005, o JRE da Sun (atualmente da Oracle) incluía software não relacionado que era instalado por defeito. No início era a barra de ferramentas do Google, mais tarde a barra de ferramentas do MSN, a barra de ferramentas do Yahoo e, finalmente, a barra de ferramentas do Ask. A barra de ferramentas Ask provou ser especialmente controversa. Houve uma petição a pedir à Oracle que a removesse. Os signatários expressaram a sua convicção de que a Oracle estava "a violar a confiança das centenas de milhões de utilizadores que utilizam Java nas suas máquinas. Estão a manchar a reputação de uma plataforma outrora orgulhosa". A Zdnet considerou a sua conduta enganadora, uma vez que o instalador continuava a oferecer a barra de ferramentas durante cada atualização, mesmo depois de o utilizador se ter recusado a instalá-la, aumentando as hipóteses de a barra de ferramentas ser instalada quando o utilizador estava demasiado ocupado ou distraído.

- JAVASCRIPT

O JavaScript é uma linguagem de programação de alto nível, dinâmica, não tipada e interpretada. Foi normalizada na especificação de linguagem ECMA Script. Juntamente com o HTML e o CSS, é uma das três principais tecnologias de produção de conteúdos da World Wide Web; a maioria dos sítios Web utiliza-a e é suportada por todos os navegadores Web modernos sem plug-ins. O JavaScript é baseado em protótipos com funções de primeira classe, o que o torna uma linguagem multiparadigma, suportando estilos de programação orientados para objectos, imperativos e funcionais.[6] Tem uma API para trabalhar com texto, matrizes, datas e expressões regulares, mas não inclui qualquer E/S, como rede, armazenamento ou recursos gráficos, dependendo, para tal, do ambiente anfitrião em que está incorporado.

Embora existam fortes semelhanças exteriores entre o JavaScript e o Java, incluindo o nome da linguagem, a sintaxe e as respectivas bibliotecas padrão, as duas linguagens são distintas e diferem muito na sua conceção. O JavaScript foi influenciado por linguagens de programação como self e Scheme.

O JavaScript também é utilizado em ambientes que não são baseados na Web, como documentos PDF, browsers específicos de sítios e widgets de ambiente de trabalho. As máquinas virtuais (VMs) JavaScript mais recentes e mais rápidas e as plataformas construídas sobre elas também aumentaram a popularidade do JavaScript para aplicações Web do lado do servidor. No lado do cliente, o JavaScript tem sido tradicionalmente implementado como uma linguagem interpretada, mas os browsers mais recentes efectuam uma compilação just-in-time. É também utilizado no desenvolvimento de jogos, na criação de aplicações móveis e de ambiente de trabalho e na programação de redes do lado do servidor com ambientes de tempo de execução como o Node.js.

CAPÍTULO 5
ANÁLISE DE RESULTADOS

Este capítulo apresenta os resultados obtidos com o modelo proposto. O modelo proposto baseia-se no agrupamento e classificação de grandes volumes de dados para a análise de dados criminais. O modelo proposto foi aplicado sobre os dados de criminalidade obtidos do departamento de polícia da cidade de Chicago, e constitui o conjunto de dados padrão para a visualização e processamento de dados de criminalidade para a avaliação da intensidade do crime. O modelo proposto processa os dados de entrada nos nanocubos, que são considerados como a forma da estrutura de dados mais rápida. Estas estruturas de dados permanecem na memória para as práticas de processamento e extração de dados sobre a forma processada dos cubos de dados. Os cubos de dados são normalmente obtidos para utilizar a informação contida nas partes mais pequenas dos dados, agrupadas com base na formação de cubos baseada na correlação. Os nanocubos permitem que os sistemas informáticos dividam os dados em partes mais pequenas, que são calculadas com base nos recursos informáticos. Os grandes volumes de dados consistem geralmente em volumes muito grandes, o que torna impossível o processamento de todos os dados utilizando os sistemas informáticos sem um pré-agrupamento e um pedaço para a classificação. O modelo proposto foi concebido para dividir os grandes volumes de dados em partes mais pequenas, conhecidas como nanocubos, que são processadas individualmente pelos sistemas informáticos para a descoberta de informações nos dados criminais de entrada.

5.1 Resultados experimentais e análise

O modelo de visualização baseado em nanocubos é a arquitetura de visualização de dados, que processa os dados de criminalidade da cidade de Chicago a partir do ficheiro do conjunto de dados de entrada, que é processado segundo o modelo de descoberta de padrões. A saída é processada configurando os parâmetros de entrada com o tamanho de entrada de 10.000 inserções, que são processadas com 10.000 linhas por cubo de dados. O total de 50000 entradas é armazenado na base de dados de treino, que contém o registo dos vários tipos de crimes no ficheiro de entrada. A secção seguinte mostra o total de registos das 50000 entradas, que contém o total de 26 MB do tamanho do ficheiro de entrada:

Os dados de entrada com 50000 entradas foram processados ao abrigo do modelo de avaliação de dados, que utiliza 10000 entradas em cada ronda. Os dados totais são divididos num total de 5 nanocubos, que processam cerca de 5-7 MBs de dados em cada ronda.

Quadro 5.1: Estatísticas do tratamento dos dados primários a partir dos dados criminais introduzidos

Índice	**Tamanho total dos dados processados em cada ronda**	**Dados Tamanho/Rodada**	**Consumo total de memória (taxa de transferência)**
1	10000	10000	7
2	20000	10000	12
3	30000	10000	17
4	40000	10000	22
5	50000	10000	26

O modelo proposto foi executado no número de porta 29512 e pode também ser lançado em qualquer outro número de porta desconhecido. O débito global dos dados foi analisado com base neste modelo em cada rotação, o que é apresentado na última coluna do quadro 5.1.

Em seguida, o total de 50000 consultas foi registado na API baseada em HTTP do modelo de processamento do nanocubo. A consulta baseada no navegador é lançada para a extração do número total de entradas nos dados de entrada, o que mostra os seguintes resultados nos navegadores de destino, como o Google Chrome ou o Firefox.

5.1.1 Resultados da contagem total: Os resultados da contagem total mostram os seguintes resultados dos utilizadores de raiz e utilizando todas as camadas. Esta métrica conta basicamente o número total de dados introduzidos para a avaliação. Por exemplo, neste caso, obtivemos um total de 50000 entradas. Estas estão armazenadas na base de dados de treino e contêm o registo dos vários tipos de crimes no ficheiro de entrada. Estas 50000 entradas foram processadas no âmbito do modelo de avaliação de dados e utilizam as 10000 entradas em cada ronda. Basicamente, o modelo indica o número total de dados recolhidos e processados de acordo com o utilizador, ou seja, a quantidade de dados que este tem de processar de uma só vez e de que é feito um nanocubo.

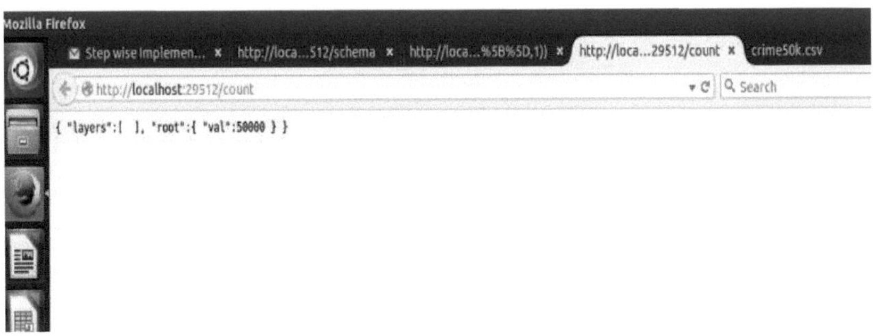

Figura 5.1: Contagem total

5.1.2 Resultados da decomposição de categorias: A divisão em categorias mostra o resultado de todas as dimensões do nanocubo. Neste caso, há quatro dimensões nas quais os resultados são categorizados: tempo, contagem, crime e localização. Todas elas mostram o resultado em simultâneo, ou seja, a dimensão do tempo mostra o período de tempo, o crime mostra o tipo de crime, a contagem mostra o número de crimes e a localização mostra em que local ocorreu o crime. Por outras palavras, o resultado será categorizado com base nas dimensões.

A secção anterior mostra os resultados de todas as dimensões ou campos dentro de um determinado nanocubo e os tipos específicos dos mesmos. Foram avaliadas as quatro dimensões principais, que fornecem os resultados em função do tempo, do crime, da contagem e da localização.

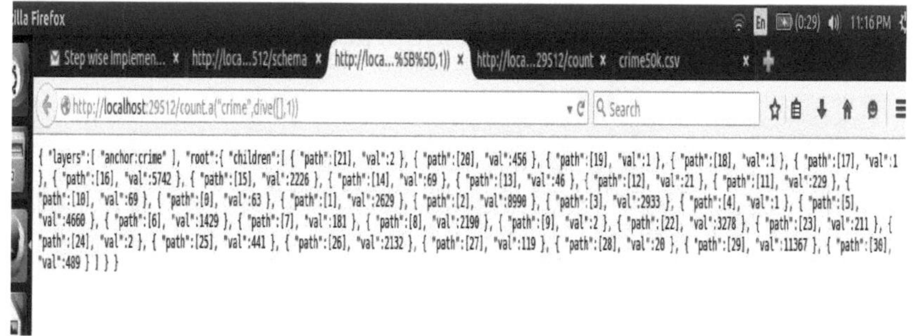

Figura 5.2: Discriminação das categorias

O esquema global foi consultado para devolver o conjunto necessário de resultados com base na variedade dos dividendos ou subclasses dos crimes na cidade. Uma única linha ou uma entrada em toda a base de dados é definida num total de 25 níveis designados por quadree, 1 byte para o tipo categórico, 2 bytes para cada acontecimento da série cronológica e 4 bytes de número inteiro sem sinal para a visualização numérica. Apenas os valores válidos extraídos da base de dados foram mostrados neste processo e a dimensão categórica primária para a análise do crime foi mostrada na consulta, juntamente com os títulos das infracções penais e o seu valor no período em causa, de acordo com a base de dados de entrada. Os metadados da base de dados de entrada incluem as séries cronológicas e outras informações de cabeçalho, que devem ser corretamente comunicadas a fim de mostrar os resultados específicos do tempo ou a apresentação adequada da quadrícula.

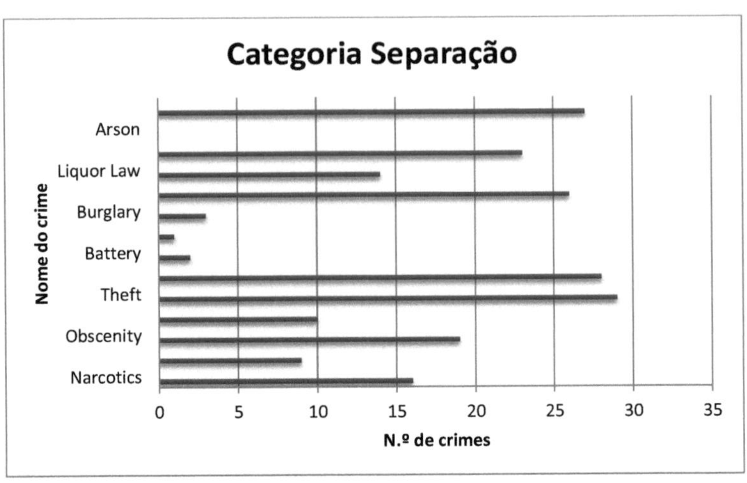

Figura 5.3: Gráfico para mostrar a repartição das categorias

5.1.3 Repartição da contagem por tipo de crime: No ficheiro original da base de dados de teste, foram listados vários padrões, que devem ser descobertos para encontrar informações úteis. Basicamente, os resultados serão apresentados de acordo com a totalidade da base de dados. A dimensão do crime é focada e apresenta as contagens para cada um dos valores possíveis. Por outras palavras, o resultado da discriminação por categorias é apresentado de acordo com o seu esquema.

As dimensões do crime são ancoradas utilizando a consulta ".a", que conta o número de infracções por título de crime e extrai a lista global da base de dados fornecida. O nome do crime foi representado pela "classe/tipo" juntamente com o número de infracções na segunda coluna. A primeira entrada mostra o total de 63 crimes ou ARSON registados na "classe/tipo [0]".

Tabela 5.2 Contagem por tipo de crime

S.N.	Nome do crime	Contagem
1.	Narcóticos	16
2.	Jogos de azar	9
3.	Roubo de veículos automóveis	15
4.	Violação de outros estupefacientes	21
5.	Obscenidade	19
6.	Homicídio	10
7.	Roubo	29
8.	Práticas fraudulentas	8
9.	Danos criminais	5
10.	Perseguição	28
11.	Bateria	2
12.	Violação do espaço público	25
13.	Indecência pública	24
14.	Agressão	1
15.	Roubo	3
16.	Roubo	26
17.	Violação da lei sobre bebidas alcoólicas	14
18.	Não-criminal	17
19.	Prostituição	23
20.	Infração sexual	27
21.	Rapto	13
22.	Fogo posto	0
23.	Intimidação	12
24.	Armas - Violação	30
25.	Criminal-Trespasse	6

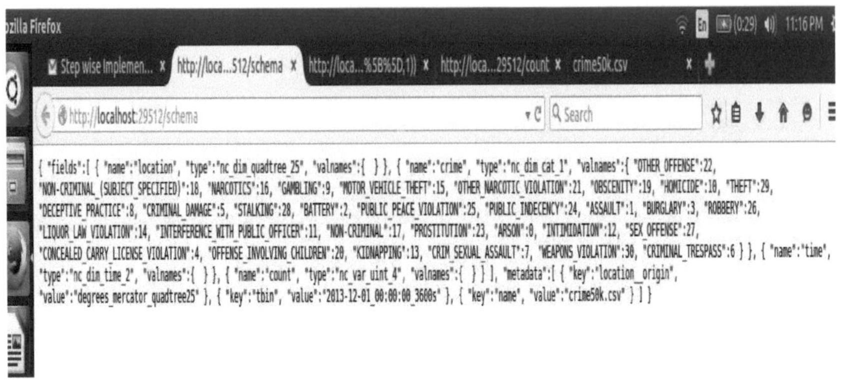

Figura 5.4: Repartição dos crimes por tipo de contagem

5.1.4 Visualização dos nanocubos: A visualização de dados sobre crimes é uma arte para mostrar a intensidade dos crimes numa determinada área ou cidade. O modelo proposto foi concebido para a visualização idêntica da variedade de crimes, processando os dados no domínio espacial e com base na dimensão espacial singular de cada vez. A sequência dos acontecimentos começa no número 0 e vai até um número N qualquer, de acordo com a densidade dos dados consultados. A dimensão temporal é recuperada quando é necessário mostrar a intensidade. O módulo de visualização utiliza o domínio espácio-temporal para a visualização final dos dados. O domínio espácio-temporal mostra os resultados baseados na intensidade e na localização sobre o mapa da área, de modo a mostrar a intensidade do crime e a divisão categórica dos eventos relacionados com o crime. Foi utilizada a linguagem de marcação de hipertexto (HTML) com a interatividade activada utilizando o script java e o D3. O visualizador utiliza o nanocube web viewer, também designado por (nc_web_viewer). A plataforma baseada em JSON foi concebida juntamente com o ficheiro de configuração pré-programado no formato JSON para a geração, validação e visualização dos dados alvo.

A visão geral da visualização é apresentada na figura seguinte, que contém o mapa da cidade de Chicago juntamente com a representação multifacetada dos crimes na divisão categórica, de modo a representar a intensidade geral dos crimes. O modelo proposto foi programado para visualizar a taxa de criminalidade numa divisão por dia e por hora.

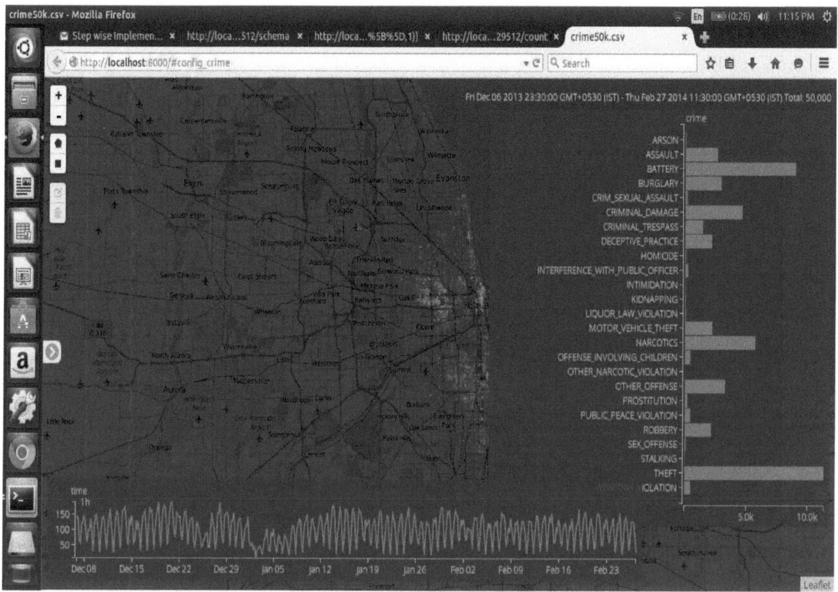

Figura 5.5: Módulo de visualização para a base de dados de crimes da cidade de Chicago

A opção de navegação foi activada dentro do módulo visualizado para o juntamente com os títulos de crime armazenados na ordem alfabética, juntamente com a sua intensidade (global ou horária). O gráfico na parte inferior mostra os dados categóricos do crime na divisão horária a partir do período de 06 de dezembro de 2013 a 27 de fevereiro de 2014. O gráfico do período específico mostra a intensidade horária do crime, o que também mostra a gravidade relacionada com os crimes na cidade.

CAPÍTULO 6
CONCLUSÃO E ÂMBITO FUTURO

Neste capítulo, o trabalho efectuado na tese é concluído e seguido de uma visão clara do trabalho futuro que será desenvolvido.

6.1 Conclusão

Neste caso, a análise dos dados relativos à criminalidade é efectuada com base no agrupamento e classificação de grandes volumes de dados. Foi aplicado sobre os dados de criminalidade obtidos do departamento de polícia da cidade de Chicago e constitui o conjunto de dados padrão para a visualização e processamento de dados de criminalidade para a avaliação da intensidade da criminalidade. Os grandes dados são divididos em pedaços mais pequenos, conhecidos como nanocubos, e depois, com base em vários factores, é feita a visualização. Os dados de entrada são processados no formato de nanocubos. Os nanocubos são descritos como uma estrutura de dados para cubos de dados que estão na memória. Os nanocubos são formados de tal modo que os conjuntos de dados são explorados interactivamente no navegador Web com vários factores. Nalguns domínios, em que não é possível interpretar facilmente uma grande quantidade de dados, os nanocubos são utilizados para representar os dados que ocupam pouca memória. Assim, com a ajuda dos nanocubos, os grandes dados podem ser visualizados num pequeno ecrã de forma mais interactiva e eficiente. Por conseguinte, o sistema melhora a visualização dos dados relativos ao crime, que consistem em várias camadas para processar os dados de entrada e produzir os resultados sob a forma de padrões, mapas de cores, estatísticas e outros valores paramétricos ou técnicas de visualização. Avalia a variedade de factores para efeitos de descoberta de padrões de dados e, em seguida, os dados são visualizados com maior precisão.

6.2 Âmbito futuro

Os nanocubos fornecem armazenamento eficiente e consulta de conjuntos de dados enormes, dimensionais e espácio-temporais, mas não são limitados. Os nanocubos não permitem consultas até ao registo de uma pessoa, uma espécie de informação antiga. Para o trabalho futuro, podemos trabalhar nas múltiplas dimensões espaciais, de modo a podermos visualizar, por exemplo, a distribuição das localizações geográficas das luzes que partem de uma região geográfica completamente diferente. Do mesmo modo, as chamadas telefónicas têm duas dimensões geográficas naturais. Os nanocubos continuam a ocupar mais memória do que gostaríamos.

Para especular os resultados actuais, o modelo proposto pode ser visualizado sem esforço nos nanocubos, o que torna o padrão e outras estatísticas facilmente compreensíveis. Além disso, a metodologia proposta pode ser útil e fornece uma resposta integral às metodologias existentes, mas é necessário efetuar mais trabalho de investigação para descobrir a viabilidade e a utilidade da consolidação de várias abordagens.

REFERÊNCIAS

[1] Deepa Gupta, Sameera Siddiqui, "Big data implementation and visualization", IEEE, 2014.

[2] Young-guk Ha e Seong-hun Park, "Visualization of Resource Description Framework Ontology Using Hadoop", 2013 IEEE International Conference on, pp. 228-231.IEEE, 2013.

[3] Sun-Yuan Kung, "Visualization of Big Data", 2015 IEEE 14th International Conference on Cognitive Informatics & Cognitive Computing, IEEE, 2015.

[4] Daniel Keim, Huamin Qu e Kwan-Liu Ma, "Big-Data Visualization", IEEE, 2013.

[5] Ekaterina Olshannikova, Aleksandr Ometov, Yevgeni Koucheryavy e Thomas Olsson, "Visualizing Big Data with augmented and virtual reality: challenges and research agenda", Journal of Big Data, 2015.

[6] Charles (Chuck) Hansen, "Big Data: Uma perspetiva de visualização científica", IEEE.

[7] Jinson Zhang e Mao Lin Huang, "5Ws Model for Big Data analysis and Visualization", 2013 IEEE International Conference on, pp. 1021-1028. IEEE, 2013.

[8] Yun Lu, Mingjin Zhang, Shonda Witherspoon, Yelena Yesha, Yaacov Yesha, Naphtali Rishe, "sksOpen: Efficient Indexing, Querying, and Visualization of Geo-spatial Big Data", IEEE, 12.ª Conferência Internacional sobre Aprendizagem Automática e Aplicações, pp. 495-500, 2013.

[9] Jinson Zhang, Wen Bo Wang, Mao Lin Huang, Liang Fu Lu, Zhao-Peng Meng, "Big Data Density Analytics using Parallel Coordinate Visualization", IEEE, 17ª Conferência Internacional sobre Ciência e Engenharia Computacional, pp. 1115-1120, 2014.

[10] Kathleen Kerr, "Visualization and Rhetoric: Key Concerns for Utilizing Big Data in Humanities Research", IEEE, Conferência Internacional sobre Big Data, pp. 25-32, 2013.

[11] Timothy G. Mattson, "Big Data: What happens when data actually gets big?", 2015 IEEE International Parallel and Distributed Processing Symposium Workshops, IEEE, 2015.

[12] Yingjian Qi, Guoliang Shi, Xinyan Yu e Ying Li, "Visualization in Media Big Data Analysis" (Visualização na análise de grandes volumes de dados dos meios de comunicação social).

[13] Peng Chen e Beth Plale, "Big Data Provenance Analysis and Visualization", 2015 15th IEEE/ACM International Symposium on Cluster, Cloud and Grid Computing, pp. 797-800, IEEE, 2015.

[14] Korovin Aleksandr Sergeevich, Skirnevskij Igor Petrovich e Abdrashitova Maria Ovseevna, "Web-Application For Real-Time Big Data Visualization Of Complex Physical Experiments", 2015 International Siberian Conference on Control and Communications (SIBCON), IEEE, 2015.

[15] Hui Li e Xin Lü, "Challenges and Trends of Big Data Analytics", 2014 Ninth International Conference on P2P, Parallel, Grid, Cloud and Internet Computing, pp. 566-567, IEEE, 2014.

[16] Georgios Stavropoulos, Stelios Krinidis, Dimosthenis Ioannidis, Konstantinos Moustakas e Dimitrios Tzovaras, "A building Performance Evaluation & Visualization System", 2014 IEEE International Conference on Big Data, pp. 1077-1085, IEEE, 2014.

[17] Ronak Etemadpour, Paul Murray e Angus Graeme Forbes, "Evaluating Density-based Motion for Big Data Visual Analytics", 2014 IEEE International Conference on Big Data, pp. 451-460, IEEE, 2014.

[18] Thomas Hansmann, Peter Niemeyer, "Big Data-Characterizing an Emerging Research Field using Topic Models", IEEE/WIC/ACM International Joint Conferences on Web Intelligence (WI) and Intelligent Agent Technologies (IAT), pp. 43-51, 2014.

[19] Jinxin Huang, Lin Niu, Jie Zhan, "Technical Aspects and Case Study of Big Data based Condition Monitoring of Power Apparatuses", IEEE, 2014.

[20] GP De Jager e LJ Grobler, "How to improve efficiency on analyzing big data on a large number of measurement and verification projects", IEEE, 2012.

[21] J. Mackinlay, P. Hanrahan, and C. Stolte, "Automatic presentation for visual analysis" IEEE Transactions on Visualization and Computer Graphics, pp. 1137-1144, 2007.

[22] Lixin WU, Jieqing Yua, Yizhou Yang, Yongji Jia, "Spatial big data organization, access and visualization with ESSG", International Archives of the Photogrammetry, Remote Sensing and Spatial Information Sciences, 2013.

[23] Florian Reichl, Marc Treib e Rudiger Westermann, "Visualization of Big SPH Simulations via Compressed Octree Grids", IEEE, International Conference on Big Data, pp. 71-78, 2013.

[24] Ya-Ting Chang, Shih-Wei Sun, "A Real time Interactive Visualization System for Knowledge Transfer from Social Media in a Big Data", IEEE, 2013.

[25] Ciro Donalek, S. G. Djorgovski, Alex Cioc, Anwell Wang, "Immersive and Collaborative Data Visualization Using Virtual Reality Platforms", Conferência Internacional do IEEE sobre Big Data, pp.609-614, 2014.

[26] Onur Savas, Yalin Sagduyu, Julia Deng e Jason Li, Tática, "Big Data Analytics: Challenges, Use Cases and Solutions", IEEE, 2013.

[27] Intel IT Center, Livro Branco, "Big Data Visualization: Turning Big Data into Big Insights, The Rise of Visualization based Data Discovery Tools", 2013.

[28] Christina Warren, "Big Data Visualizers", 2014.

[29] S. Agarwal, B. Mozafari, A. Panda, H. Milner, S. Madden e I. Stoica. Blinkdb, "Queries with bounded errors and bounded response times on very large data", EuroSys, 2013.

[30] M. Bostock, V. Ogievetskey e J. Heer, "Data-driven documents", IEEE Transactoins on Visualization and Computer Graphics", 2011.

[31] E. Cho, S. A. Myers e J. Leskovec, "Friendship and mobility: User movement in location-based social networks", 2011.

[32] A.Das Sarma, H.Lee, H.Gonzalez, J.Madhavan e A.Halevy, "Efficient spatial sampling of large geographical tables", ACM SIGMOD International Conference on Management of Data, SIGMOD, pp. 193-204, 2012.

[33] D. Fisher, I. Popov, S. Drucker, and m. schraefel, "Incremental visualization lets analysts explore large datasets faster", SIGCHI Conference on Human Factors in Computing Systems, pp. 1673-1682, 2012.

[34] S. Kandel, R. Parikh, A. Paepcke, J. Hellerstein e J. Heer, "Integrated statistical analysis and visualization for data quality assessment", In Advanced Visual Interfaces, 2012.

[35] Z. L. Liu, B. Jiang e J. Heer, "Real-time visual querying of big data", Computer Graphics Forum- EuroVis, 2013.

[36] Z. L. Liu, B. Jiang e J. Heer, "Real-time visual querying of big data", Computer Graphics Forum-EuroVis, 2013.

[37] Kapil Bakshi, "Considerations for Big Data: Architecture and Approach", IEEE, 2012.

[38] Edmon Begoli, James Horey, "Design Principles for Effective Knowledge Discovery from Big Data", Joint Working Conference on Software Architecture & 6th European Conference on Software Architecture, 2012.

[39] S. Lyubka, "Mongoose: um servidor Web pequeno e fácil de utilizar", https://github.com/valenok/mongoose/.

[40] Lauro Lins, James T. Klosowski e Carlos Scheidegger, "Nanocubes for Real-Time Exploration of Spatiotemporal Datasets" (Nanocubos para exploração em tempo real de conjuntos de dados espácio-temporais).

[41] X Wu, X Zhu, G-Q. Wu e W. Ding, "Data Mining with Big Data", IEEE, janeiro de 2014.

[42] Dan Sommer, Rita L. Sallam, James Richardson, "Emerging technology analysis: Visualization-based data discovery tools", 17 de junho de 2011.

[43] James E. Powell, "New Survey Highlights Big Data Successes at Midsize Companies Big data benefits not limited to large enterprises", 2014.

[44] Onur Savas, Yalin Sagduyu, Julia Deng e Jason Li, "Tactical Big Data Analytics: Challenges, Use Cases and Solutions", Workshop de Análise de Grandes Dados em conjunto com a ACM Sigmetrics, 2013.

[45] X. Han, L. Tian, M. Yoon, e M. Lee, "A Big Data Model Supporting Information Recommendation in Social Networks," in Second International Conference on Cloud and Green Computing, pp. 810-813, 2012.

[46] R. Baeza-Yates e M. Yoelle, "Usage data in web search: benefits and limitations," in Lecture Notes in Computer Science - Scientific and Statistical Database Management, pp. 495-506, 2012.

[47] C. A. Bliss, I. M. Kloumann, K. D. Harris, C. M. Danforth, and P. S. Dodds, "Twitter reciprocal reply networks exhibit assort activity with respect to happiness", Journal of Computational Science, vol. 3, no. 3, pp. 388-397, Dez. 2012.

[48] J. Hartog, Z. Fadika, E. Dede, e M. Govindaraju, "Configuring a Map Reduce Framework for Dynamic and Efficient Energy Adaptation," in IEEE 5th International Conference on Cloud Computing, pp. 914-921, 2012.

[49] Y. Kejiang, J. Xiaohong, H. Yanzhang, L. Xiang, Y. Haiming e H. Peng, "Hadoop: A Scalable Hadoop Virtual Cluster Platform for Map Reduce-Based Parallel Machine Learning with Performance Consideration", em IEEE International Conference On Cluster Computing Workshops, pp. 152-160, 2012.

Printed by Books on Demand GmbH, Norderstedt / Germany